環形思維

無縫溝通X精密合作，
實踐企劃、執行到回饋不斷線的工作循環，
成為公司爭相挖角的主流人才

智俊啟◎著

高寶書版集團

【中篇】
做事可靠：凡事有交代，件件有著落，事事有回音

【下篇】
結果可預測：不為合作者帶來風險

前言

在這麼多年的管理工作中，有一些員工的工作態度讓我很滿意，每次為他們安排完任務後，不管這個任務後期做得如何，他們都會給我一個準確的答覆——結果、問題、原因及與工作相關的種種必要事項，他們都做得很好。這樣的員工讓我感覺非常可靠，因此我也願意把重要的工作交給他們。這就是工作中的環形思維，也就是封閉循環思維。

從本質上來看，環形思維強調的並不僅僅是責任心，它還強調了我們在工作中的團隊配合精神和對同事關係的敏感性。就是說，環形思維不僅要求團隊成員完成工作本身，還需要照顧到與此相關的每一個人，考慮他們的感受，尊重和滿足他們的合理訴求，並在結束時給對方一個答覆，和整個團隊一起實現工作的環形。比如，上司要下屬在十天內撰寫一份企劃，下屬可能需要與上司溝通企劃的具體內容，達成基本共識，還要進行大量的調查、研究，然後才能撰寫出符合公司利益與上司要求的內容，透過某種方式傳給上司。這是否便是環形呢？答案是：不完全是。

因為過了幾天，上司生氣地把下屬叫過來，問他企劃寫好了沒有。下屬卻一臉無辜地回答：「我已經傳給你了。」

問題出在什麼地方？出色地做好企劃並傳給上司並非這項任務的全部目標，下屬還要做到精準的回饋，即透過口頭或者電話方式告知上司：我的企劃已經傳給你了。

在這個過程中，上司也許沒有意識到環形的理念，但他一定認為這個下屬是不可靠的。他會發現這名下屬在工作中有所缺失，無法給予他更大的信任，也不能交給他重要的任務。以下是環形思維帶來的益處：

第一，強調環形思維，可以提高管理中的任務完成度，保證員工從工作開始到結束落實每一個環節，並及時給上司回饋。第二，貫徹環形思維，可以優化管理的效率，因為如果上司發起了一件事，下屬不管做得如何，最後都會回饋到發起者，上司能及時準確地知道結果，不需要事事催問。

我們學習和理解環形思維，並把它運用到團隊的管理和員工的培訓中，就是希望我們的團隊更加可靠，而不是更加靠不住。你作為管理者，一旦能可靠地對待工作，可能暫時付出很多，但長期看卻能收到數倍的回報。你也能就此檢驗團隊成員或合作夥伴，淘汰掉那些最不可靠的人，最後你的團隊會形成一種重視執行與效能的好風氣。這能讓你的管理事半功倍，實現「一加一大於二」的效果。

【上篇】

思維環形：有始有終有回饋

公司是一張網，當他人在網路合作過程中發起某一事情或工作時，在一定時間內，不管執行者是否完成以及完成效果如何，都要認真地將結果回饋給發起者。尤其是面對上級時，如果上級交代了一件事，下屬應該竭盡全力去完成，而最後不管完成的品質如何，都應該在約定的時間內給上級一個回饋，這就是封閉循環。

第一章

讓工作可交付，而不是「我盡力了」

尋找藉口，就是在製造障礙

一個想有所成就的人應該具備的品質是出了問題不推諉，也不狡辯，以公司的利益為第一標準，積極地尋找辦法解決，彌補自己的失誤。如果開始找藉口，就等於在不斷地為自己後面的工作設置障礙，也在損害上司對自己的信任。

小宋有一次企劃很晚了也沒交上來，我問他怎麼回事，他撓著腦袋說：「老闆，公司電腦出問題了。是網路原因，全公司的電腦差不多都癱瘓了。」我冷冷地說：「但其他人的企劃都按時交了，為什麼他們的電腦沒受影響呢？」小宋說不出話來了。

然後我告訴他：「做事不要總找藉口，我要的是企劃，你做完給我就ＯＫ，有什麼問題你必須自己解決，而且不能耽誤進度。至於你遇到的問題有多棘手，我不知道，我只知道別人做到了，而你沒做到，還在找藉口，說明你在逃避責任。現在我再給你一次機會，晚上十二點前交給我。」

「理由伯」沒有未來

小宋這樣的人企業中不少見，他們經常遲到或者請假，上級安排的工作也往往不能按時完成，不管是老闆批評還是同事提醒，他依然如故，犯了錯誤就能找到藉口搪塞，不是塞車就是鬧鐘沒響，要不就是生病、有事，或者是同事不配合。這樣的人在工作中被大家戲稱為「理由伯」，他們眼裡沒有公司，只有自己。

上班遲到、業務延誤、工作犯錯，這都是常見的現象。出了問題不可怕，可怕的是不敢正面面對，不想從根本上解決。總有藉口的人在工作中除了遭遇到了實際的困難以外，更多的是他自己的原因。再舉一個很簡單的例子，許多男性在戀愛約會時十分守時，但婚後卻開始找藉口晚回家甚至不回家，不是他不明白，是他裝糊塗。工作中也是同樣的道理，如果一名員工對工作有激情、有興趣，他自然會全力投入，準時完工，也很少遲到，他就會有強烈的環形思維。但如果他對工作缺乏興趣，不喜歡老闆、不喜歡同事、對待遇有怨言等，就會找各種各樣的藉口怠工。這樣的人在企業中是沒有未來的。

別找藉口，要找方法

「藉口」會讓你的錯誤越犯越大。員工應該清楚地明白自己在企業中的位置和承擔的責任，以一種「理由伯」的方式來對待拖延、遲到和怠工並不能解決實質性的問題，相反還會讓你和上司、同事的關係更加緊張，往後的工作更加難以開展，必然犯下更大的錯誤。一個對自己、對公司負責的人是絕對不會這樣做的，因為不負責任的員工到哪裡都不可能有好的前途。如果有一天你發現自己變得愛為錯誤編織理由，把責任推到別人的身上，你要深刻地反省，到底真是客觀因素導致的還是自己本身的問題。

多找方法，才能清除障礙。工作上遇到困難時，不要只想著如何應付老闆的詢問。事情沒做好，怎麼解釋都改變不了一個壞的結果。當時間尚允許時，一定要先想辦法解決，比如將自己面臨的困難分為幾個等級，先處理掉一些低等級的困難，再逐漸地去處理那些高等級的困難，同時將解決方案匯報給上司，這才是員工最應該做的事情。

凡事為公司考慮

時刻將公司利益放在首位，是我們在企業工作最基本也是最高的法則，管理者要考慮企業的利益，員工也要為公司、為部門和自己所在的團隊著想。這表現在一件又一件小事中，如凡事為公司考慮，而不是替客戶出謀劃策。

開會時，小輝拿著一份合作意向書向大家做介紹。他說自己看了客戶上下游的採購、銷售合約和成本統計，對方要的價格確實已經最低，因為算上物流、包裝、倉庫的費用，客戶真的沒賺錢，而且來北京談了那麼多次，也花去不少出差費用。他勸公司接受對方的價格，說：「如果我們堅持下去，對方一定會虧損的，我們應該也替客戶考慮一下。」

小輝說得很動情，但會議室的同事不高興了，我也不高興：「你替合作公司考慮了這麼多，是心太好還是收了對方的好處？」小輝急忙辯解：「老闆，你別這麼看我，我是覺得大家都不容易。」我說：「公司不確定你是否收了客戶的好處，但我能確定公司給了你薪水、獎金、抽成，你為什麼不多替公司考慮一下？客戶不容易，我們就容易嗎？你這不叫心態好，叫擺不正位置！」

你替公司思考過嗎？

小輝犯的錯誤說大不大，說小也不小，表面看是想讓公司和客戶合作順利，互相滿意，本質上卻是屁股坐到了錯誤的椅子上。你是誰的員工，拿誰的薪水，就要全心全意地為之奉獻，用成績說話，幫公司賺取最大的利潤。在有機會時主動將利潤往外吐，從環形思維的角度看，小輝給出了一個負回饋。

當你覺得客戶不易時，千萬別著急用實際行動為他們謀取福利，先替自己的公司思考一個問題：「公司發薪水給我，老闆安排我做這個工作，同事這麼信任我，是要我做什麼呢？」人們在企業中上班，如果說是為了讓企業發展壯大，將公司當成自己的家，多少顯得有點假，因為人們從事所有的工作最終目的都是為了獲得一個廣闊的發展平台、可觀的薪水、實現價值觀的機會等。但公司如果不好了，這些個人目的都不太可能實現。公司搭台，員工唱戲，雙方的利益在大多數時候是一致的。

公司好，大家才能好

需要強調的是，由於市場的變化與企業經營政策的調整，員工的個人利益某些時候與公司並不一致，兩者的利益會產生一定的衝突。比如小輝做業務時遇到的情況，對方肯定在商談合作時向他許諾了一些潛在的好處，或者是該項合作在價格上能直接為他帶來的收益不足以抵消客戶給予他的回報，讓他產生了替客戶說幾句好話的動機。這很正常，但如果你在工作中也是這麼想的，就等於放棄了用環形思維指導自己的工作，離淘汰出局也就不遠了。要知道，先有了公司給你的源源不斷的機會，你才有了賺錢、學習技能和施展抱負的可能。如果偶爾犧牲一下自己的小利益成就公司的大利益都做不到，公司為何給你未來的機會呢？這等於堵死了自己的前途。

所以要多為公司考慮，讓自己的利益在公司利益的基礎上得以實現，這才是一條光明正大的途徑。

把公司的錢當自己的錢對待

《節省金錢的指導》的作者大衛．斯考特是管理學界的權威，他提出了一個著名的觀點：減少企業營運成本的兩大管道，一是企業在制度和業務流程層面的規定，約束員工控制與工作相關的支出；二是要培養員工主動節約、替企業省錢的習慣。從第二點看，能夠主動考慮減少企業成本的員工，不僅是敬業的，也是忠誠和可靠的。

公司的一名業務人員小趙為了拿下一個訂單，想申請五萬元的招待費用於公關，財務根據制度不敢批，但那個客戶又很重要，就把請款單報到了我這裡。我要小趙當面闡述理由，他說：「我跟了這個客戶很長時間了，現在就差一點點，我用這筆費用好好招待他們，肯定能簽下合約！」

我反問：「是百分之百的肯定？不會有意外？」這時小趙的底氣又不足了，回答變成了「把握很大」。我說：「那好，這筆錢就別從公司出了，我個人出兩萬五千元，再從你的薪水扣兩萬五千元，你去招待客戶。如果簽下來了，公司還五萬給你，你還多賺兩萬五千元，抽成獎金一分不少照樣給你，怎麼樣？」小趙一聽，腦門立刻冒出了汗：「這……萬一簽不下來呢？我還是再想想吧。」剛才還信誓旦旦地宣稱把握很大的小趙，一聽我要拿他的部分薪水當賭注，馬上就立場動搖了。花公司的錢不心疼，但涉及自己的利益時，態度就有了變化。舉這個例子的目的是想說，員工在追求一個專案的最大利益時，要把公司的錢當自己的錢去花，要有成本預算的觀念。比如小趙，他在申請這五萬元招待費時，腦海中應先思考兩個問題：

第一，這筆錢的勝算有多大？如果這是一樁雙贏的好生意，客戶真的需要一次高規格招待嗎？

第二，為了拿下一個訂單，犧牲公司的制度、打破招待費用的上限有沒有必要？如果沒有必要，為何要冒這個風險？

斯考特建議企業的管理者灌輸員工「財務主人翁」的觀念，花每一分錢時都要當作在拿自己的儲蓄進行投資，企業花錢就像買股票一樣，沒有確定的上漲，一筆錢花出去就沒了，但能否有收穫卻一點也不確定。假如員工將自己的錢和公司的錢分得很開，一門心思想拿公款去「討好」客戶，就說明這家企業的管理出了大問題。

我以前擔任公司的中層人員時，為公司節省成本的觀念很深，也累積了很多的經驗，比如我會購買能夠重複利用的列印設備，使用可在網路上下載的免費表格，久而久之，把這些小費用疊加起來，就為公司省下了很大一筆錢，反過來便增加了公司的效益。企業的員工都要養成這樣的好習慣，才能幫公司管好錢，並讓自己的工作產生最大收益。

反覆的人或事，都不可取

有句話叫「當斷不斷，必受其亂」，公司要發展，就要多做可靠的業務，多結交可靠的客戶。這是老闆的目標，也是員工的責任。老闆要有一雙火眼金睛，把握好大方向；員工要在實際的工作中表現效率，別在不可靠的業務和客戶身上浪費時間。讓企業不斷成長，管理者和員工雙方都有責任。

有一次我把客戶劉先生的專案支援全部撤掉了，負責這個專案的小輝不解地問：「劉總那邊的專案很大啊，您為什麼放棄？」我說：「原因很簡單，這個專案談了兩個多月仍毫無進展，你想想從你的手中流失掉的客戶有多少了？你天天在忙，可為公司帶來的成交訂單有多少呢？時間都花在無意義的討論上了，是不是？」小輝還想說服我：「老闆，您不明白堅持的道理嗎？堅持才有收穫啊！而且劉總剛才說，他考慮調高對我們公司的報價預算呢！」我說：「就是因為他又調整了報價，我才決定放棄的。記住這句話，易漲易退山溪水，易反易覆小人心。今天他為了不失去這個生意提高報價，明天他也會因別的理由突然又調低報價。以後凡是這種反覆的人、事，都要多留個心眼，別在上面浪費精力！」

石油大王洛克菲勒在崛起初期的時候，曾跟合夥人說過一句話，就是「不要跟鬣狗合作」。短短幾個字，他就把生意原則描述得淋漓盡致。因為鬣狗的警惕性強，習性狡猾，反覆無常，和這種客戶合作就像在跟飄忽不定的布條玩遊戲，他們容易失信，也缺乏長期和堅定的思路。所以，失去他們對公司是好事，而總與這樣的客戶合作，對公司的長遠利益反而是一種巨大的傷害。

找代罪羔羊會讓自己也變成代罪羔羊

小楊最近有一個煩惱。雖然自己是公司搬家事宜的全權負責人，但其實她也只是執行上司人力資源總監茉莉的企劃。小楊在工作中發現，茉莉提出縮減辦公室面積以及縮減公司費用的想法有些不符合實際情況，但卻不知該如何處理。不過，她覺得茉莉提出這樣的企劃，肯定是和老闆商議之後的結果，自己照做就行，不需要想那麼多，反正出了問題會有上司負責。於是，小楊就開始著手辦理這件事，單純地執行上司的企劃，並沒有提出自己的疑慮，發揮自己的主觀能動性。結果在具體實施的過程中果然發生了意外，裝修的企劃根本行不通，辦公室格局的設計也並不科學，使公司多花了一大筆錢。這件事，小楊應該在自己一開始心有疑慮時，就主動找老闆提出自己的不同看法，站在為公司考慮的角度與老闆商議出一個新的企劃，或者事先利用自己的人脈去了解一些潛在的問題。對於具體的裝修，應該事先做好幾個針對性強的計畫，交給老闆選擇，以便制定有效和可行的搬遷企劃。

結果小楊沒有，她僥倖地以為上面有人背鍋，便漠不關心企劃的可行性。現在出了問題，老闆自然是沒有錯的，因為他不是任務的執行者，茉莉呢？茉莉提出了一個企劃，作為實施者的小楊就該在此基礎上使之變成現實，有問題就該及時地調查和解決。這是小楊的責任。所以，原本指望讓別人做擋箭牌的小楊反倒要對整件事情負責了。

上司做出的決定未必就是正確的，他可能不了解情況，只能給出一個大體的方向，這要求員工執行時多做一些準備，務實地執行，也要靈活地變通。但是小楊沒有，所以裝修出了問題，小楊作為執行者是第一責任人。她應該第一時間勇敢地站出來承擔這個責任，最大限度地補救，而不是寄望於上司替她背鍋。

企業最需要的是員工解決問題的能力。員工的能力靠解決問題表現，小楊應該搜集所有同事對新的辦公地點的意見和市場上可行的企劃，做出幾套行之有效又滿足大多數人需求的計畫，再交給上司和老闆決定，形成穩妥的企劃再去執行。這麼做雖然增加了工作量，但會減少很多麻煩，也能表現自己的工作能力，贏得同事的認可和老闆的讚賞。能切實地解決問題，才不至於成為代罪羔羊。

不要覺得自己有代罪羔羊就可以免責，找代罪羔羊的行為只會讓自己成為犧牲品。如果事態已經偏離了軌道，那麼就要勇於承擔，而不是想讓別人替自己遮風擋雨。企業需要的是敢承擔和勇於負責的人。出了事急著找代罪羔羊，結果很可能是自己成為那個犧牲品，不會取得老闆的認可。這也是一種侵犯企業利益的不良行為。

有備才能無患

去客戶公司開會前，我問田祕書準備工作做得怎麼樣了。她告訴我，ＰＰＴ已經按人數列印好了，每個筆記本都帶了外接電源，滑鼠電池也換了新的。我搖搖頭，叮囑她：

「滑鼠電池要多備一個，筆記型電腦電池多帶一個，列印的PPT也要多帶上幾份。」田祕書吃驚地問：「有必要嗎？會有那麼不走運嗎？」「不怕一萬，就怕萬一。萬一滑鼠電池買到壞的呢？萬一會議室的電源出了問題呢？萬一客戶公司多來幾個人開會呢？多準備一下，就算不走運，也不用害怕了。」比如有一次，公司的一位經理在一個公車站牌下等車，他的身邊有位等車的人左手拿著悠遊卡，右手卻拿著兩枚十元的硬幣。問他原因，對方說：「有些公車沒有刷卡機，所以我才做了兩手準備。」這位經理回來就很感慨，如果我們的員工都有這種思想，工作中的麻煩事就會少很多！

事實上，許多意外情況的發生都是由於我們未能做好充分的備案，沒有想到那些突發情況，並提供第二、第三乃至第四個計畫。在工作中一定要準備多套備用企劃，把企劃落到實處，有備才能無患。那些工作認真、辦事細心的人，他們善於考慮到一切情況，預估問題的變化，想好了再去做。他們凡事都可以做好最壞的打算，以免事到臨頭，卻沒有應對之策。

第二章

帶著建設性意見和主管溝通

誰負責就聽誰的

有一次，我把員工小周交上來的設計圖打回去重做，她很不解地請我給個說法。「老闆，我花了好幾週才做出來，我覺得很完美，為什麼要我重做呢？」我說：「字體太花俏了，重新換個字體，不符合公司產品的需求。」小周一臉很窘的表情說：「這可是我花了很多時間精心挑選的字體呀，我覺得我們的審美觀不同，您再仔細看看行嗎？」我回覆道：「你工作是為了滿足我的審美觀還是你自己的審美觀呢？回去重做，再想不通我就換人。」

第一，管理者比下屬更了解公司產品的需求。管理者對產品設計、開發的定位，下屬應該絕對執行，不能打一點折扣。下屬當然也可以有自己的想法，但應該在執行前的產品會議上提出，由管理者決定是否採納。這是每一名員工都應具有的執行意識。

第二，上司的指令不是針對誰。上司提出的修改意見，肯定是來改善員工的不足，不是專門挑毛病。對事不對人，是上司審視或批駁員工工作的主要原因。所以，當員工交出的結果被上司挑剔、批評或否定時，別以為他是在針對自己，要虛心接受並且糾正自己的錯誤。

第三，誰負責就聽誰的。在企業中，往往是管理者對結果負責，員工卻負不了責，所以員工必須聽從上司的安排。在環形思維中這是一項很重要的原因，企業的管理層級環環相扣，每個人都是這個系統中的一個環節：向自己的直接上級負責，交出合格的結果。

談判對象是客戶，不是老闆

銷售經理小王談一個訂單很久了也沒搞定，終於有一天他找我正式談了，看起來有了結果，但他說：「老闆，客戶還有三點意見，第一是覺得報價有點高，希望我們再便宜點。第二是覺得我們的工作週期有點長，希望能縮短一點。第三是……希望我們再讓一點利潤給他們。」我問：「然後呢？」小王說：「您要是都同意，今天就能簽合約。」

我說：「小王啊，你拿著公司的薪水不去跟對方談判，反而是替客戶來跟我談判，對嗎？這樣吧，這個合約簽了以後，你的抽成別要了，上個月的績效也打幾個折，這個月的薪水也晚幾天發給你，怎麼樣？」

小王一臉發綠地出去，找客戶重新談判了。以前有本暢銷書叫《你到底在為誰工作》，這個書名取得非常好，一個人為了誰工作，就要向誰表現出自己的價值。從某種程度而言，我們可以透過一個人對待工作的態度而深刻地了解他，也能看到他的生活觀和價值觀。在職場上這是一個需要優先解決的問題——我們進了一家公司，是為公司謀利益，為自己謀福利，還是為客戶行方便呢？

就拿小王來說，他代替公司去跟客戶談判，那麼他的談判對象就是客戶，而不是自己的公司和老闆。他必須站在公司利益的角度上，去要求客戶做出讓步，而不是為了拿下這個訂單，反過來讓老闆同意客戶的要求。假如他以後以這種思維方式工作，那他等於是在為客戶打工，充當了替客戶從公司攫取利益的角色。在任何一個團隊中，這種行為都是不可取的。從環形思維的角度講，老闆交給了你一項談判的任務，就等於賦予了你全權決斷的權利，你就要一個人搞定客戶，拿回讓公司滿意的結果。在這個環形的系統中，並不包括你替客戶爭取權益這一項。你當然可以回饋客戶的要求，但你必須有能力辨別哪些要求是合理的，哪些要求是不合理的，然後自己予以回應。如果你讓老闆考慮和決斷，實質上便是角色的錯位，作為員工來說，你就失去了最根本的價值。

公司是老闆的，工作是自己的

現實中許多人對待工作和薪水是雙重原則，討論工作時能少做一點是一點，盡量讓同事和老闆分擔，涉及薪水時能多爭一分是一分，發少了就滿腹牢騷，從來不想想自己為公司做了什麼，只願意思考和算計公司為自己做了什麼。福利少了，抱怨；薪水扣了，不滿；工作多了，仍然是滿腹的怨氣。可是拉出他工作的成績單，看看他的考核結果，公司也並沒有虧待他，他的得到與付出是相等的。這類員工的問題在於：他們對於公司有很高的要求，卻始終不明白自己承擔的義務和責任。

先做好自己的工作，這是最起碼的要求

馬上要到中秋節了，行政小劉過來請示：「老闆，中秋聚餐去哪家啊？」我問他選了哪幾家，讓他報上來看看，結果他還沒選。我反問：「你是來要我自己去選幾家，然後拿來向你匯報，由你來做決定嗎？」小劉慌忙回答：「不不，這是我的工作。」他飛速地離

開，又飛快地回來，拿著一份餐廳名單說：「老闆，這幾家都不錯，您決定一家吧。」我問他價格範圍，他又回答不上來了：「這個……我還沒仔細看。」我生氣地說：「那就是我來做預算，然後向你做匯報，你來最後拍板定案嗎？快點去研究，要做好價格表還有餐點類型，要考慮到公司同事的飲食習慣，明白嗎？」小劉面露愧色地說：「我馬上調整，對了，老闆您怎麼能注意到那麼多細節，我卻注意不到呢？」

我對他說：「因為我認為公司是我的，你如果不認為公司是你的可以理解，但你至少應該認為工作是你的。做好自己的工作是最起碼的素養，聽說上個月你還申請加薪，可如果這都做不好，公司又怎能幫你提高薪水呢？」

不要只為薪水做事

我曾經和員工講過一則故事：一個監獄中收押了三個要被關三年的罪犯，在他們入獄前，典獄長說要答應他們每人一個要求。第一個是美國人，他喜愛抽雪茄，於是他向典獄長要了幾箱雪茄。第二個是法國人，浪漫和風流的他向典獄長要了一個美女，陪著他度過漫漫的三年。第三個是猶太人，他向典獄長要了一部與外界聯繫的電話。

然後三年很快就過去了，三人也都將獲得自由。在被放出監獄的時候，美國人最先衝了出來，並大聲叫嚷：「火，給我火！」原來美國人要了雪茄卻忘了要一個打火機，三年，他都沒有抽到一根雪茄。第二個走出監獄的是法國人，他帶著那個美麗的女人，以及兩個孩子，有了一個幸福的家庭。猶太人是最後走出監獄的，他舉著電話，高興地與典獄長握手：「謝謝你！因為你，這三年我的業務一點也沒有耽誤，我決定送你一輛車以示感謝。」

講完這則故事，我對員工說，一個人要創造未來，最需要的不是看到未來，是對當下做出一個明智的選擇。明白現在該做什麼，然後立刻去做，才能為未來打下基礎。現在只想薪水、想回報的，就是第一個要雪茄的美國人。作為企業的員工來說，要杜絕自己這種短視的想法。

像小劉這樣的企業員工非常多，為了薪水在打工，但又不清楚自己是為了什麼工作。所以很多人在一家企業中辛苦工作了十幾年，薪水增長的幅度卻很一般，遠不及那些剛入職一兩年的新人。只為了薪水打工，就會犯下小劉的錯誤，即把公司看成老闆的，把自己的工作也當作了別人的，只想享受企業的福利，卻沒做好本職的工作。

當我們把眼光放在暫時的利益而忽略將來的發展時，生活也就不會發生太大的變化，很多年後自己也不會有什麼成長。我們的每一個選擇都影響著未來，當下的每一步也決定著明天的收穫。員工一定要精準定位自己的責任，做好份內的工作，不要得過且過，才能最終做出一定的成就，從老闆、同事那裡獲得回報和尊重。

及時匯報，別等雷劈

我問小龍：「最近的幾個專案跟進得怎麼樣了？」小龍像被雷擊中了一樣連忙說：「啊，老闆，我最近手邊事情滿多的，還沒來得及跟進。」這種情況在他身上出現過好幾次了，雖然他很有才能，業績也很好，我也不能再聽之任之，便警告他：「第一，作為上司，我每次安排給你的任務都是你能完成的工作量。如果你總是不能按時完成，說明你的執行力很差，這會影響我後面安排其他任務給你。你要知道工作是不等人的，你在規定時間內做不完這件事，公司就要考慮換其他人來做後面的事。」

「第二，如果你真的做不完，就要及時跟我匯報，不能等我問你再告訴我『實在做不完』。要及時匯報，別等雷劈。這也是對工作、對上司的尊重，是最基本的工作素質！」

現實中我們很多人做事情不匯報，或者說一半留一半。你只做了一點點，別人可能以為快做完了；你已經做好了，別人也可能懷疑你根本沒有開始做。上司和下屬之間的矛盾有很大一部分都源於溝通、匯報不及時。一方面，是上司給予的壓力太大，讓員工覺得匯報工作就意味著挨批評；另一方面，是員工的進度有問題，因此不敢向上司匯報，拖一天是一天，直到上司找上門來，自己扛不住了再交代。要改變這種局面，員工對於工作就要採取建設性的思維，有問題及時說，而且是立刻說，就自己的想法提出建議，聽取上司的觀點。只要及時溝通和匯報，再難的工作也能順利地做好。

讓上司隨時知道你在做什麼

作為管理者，上司當然是十分關心下屬的動態的，同時下屬也需要接受上司的幫助和指導，所以讓上司知道自己在做什麼、進度如何、遇到了什麼問題等是十分有必要的。因為上司和下屬雖然常常都在一個辦公空間，但因為彼此的職責不同，都在忙著自己的事情，所以交流的時間其實很少，互相也可能並不知道對方的工作內容。

讓上司知道你在做什麼，也是對你自身的一種幫助，因為管理者往往比下屬更具有職業經驗，更了解某些風險，及時地讓他了解你在做的事情，進行到了哪一步，他就能幫助你避開風險，或者給你一些幫助和建議，你會比自我摸索更加快速地成長。

如果什麼都不讓上司知道，彼此之間就會缺乏溝通，上司不清楚工作因何拖延，下屬也覺得自己不被理解，同時也不能得到上司的指導和幫助。千萬別覺得這是一種被公司監控的方式，不要害怕上司挑出你的毛病，因為批評你並不是上司的目的，他只是想讓工作順利地完成，也想讓員工在工作中得到成長。這些批評和指導在很多時候決定著一名員工能否快速地進步和獨當一面，所以工作有問題一定要及時找上司匯報、溝通，以免錯過最佳時機。

如何跟上司有效地溝通

第一，認清溝通雙方的角色。你要清楚地意識到自己是在跟上司溝通，而不是和同事或朋友交流。他是老闆，你是員工，要避免出現隨意和不負責任的態度，時刻注意自己的言行，尊重上司的身分和他的權威。

第二，了解上司的特點。你的上司脾氣是暴躁還是溫和，是固執還是靈活，你都要十分清楚。對於暴躁和固執的上司，一定要採取迂迴和委婉的方式匯報工作，注意引用各種資料；如果你的上司是溫和以及靈活的風格，那麼可以大膽提出自己的建議，充分表述自己的看法。

第三，以公司為核心。

匯報工作時的態度，必須站在公司利益的立場上而不是個人立場。假如你的工作沒做好，向上司說明理由時又頻頻維護個人的利益，強調客觀原因，上司就會認為你心中沒有公司，只有自己。一般來說，這樣的員工是沒有前途的。如果你事事以公司利益為先，即便工作沒做好，上司也容易表示理解，還會給你機會，匯報工作時就不會有太大的麻煩。

「我」對公司舉足輕重嗎？

大多數人都很清楚，對於一家公司來講，那些「舉足輕重」的人永遠不會是普通的員工，而是老闆和管理層的成員，他們才是企業的核心和業務的支柱。員工一定要深刻地明白這個事實，對自己做出準確的定位。

有的人會因此而灰心——不是老闆，也成不了公司裡面舉足輕重的人，那我在公司做這份工作還有什麼意思呢？所以不少人便自暴自棄，得過且過，當一天和尚撞一天鐘。但事實恰恰相反，只有當你對自己做好了角色定位，才能在公司中迎來事業的春天，打開升遷的通道。

像老闆一樣思考，擁有更寬的視野

首先，你要學會像老闆一樣去思考，換一個高度去考慮問題，那麼自然會開闊自己的眼界，從前關心的問題也許就會發生變化，也更能做出一些有利於公司宏觀發展的決定。

之後，工作能力就會得到提高，自然也就提升了自己對公司的重要性。

老闆，其實就是員工的典範，是員工應該學習的目標。遇到事情，你可以想一下，如果我是老闆，我該如何處理這件事？我還會採用當前的方法，還是這種凡事無所謂的態度嗎？用老闆的心態去考慮問題，時間長了，你自然會擁有一種企業中堅的工作態度，放大自己的價值。

為公司著想，把工作做到極致

始終為公司著想，才能用自己的能力提供最好的結果，換取最好的回報。不少人容易犯這樣一個錯誤，即認為自己所做的工作是為老闆做的，眼裡只有老闆，沒有公司。他們不明白的是，一個員工能夠把自己當作公司的老闆，處處為企業著想，老闆才會感覺到你是真的在幫他。老闆的利益也是來自企業，他最需要的恰恰就是一心為企業的員工，那麼這樣的人便很容易贏得老闆的青睞，比其他員工有更好的晉升空間。

作為老闆來說，他們其實並不喜歡每天朝九晚五、按部就班工作的員工。他們最希望看到的是，所有的員工都能真正地將公司的事情當作自己的事情來做，為公司省錢，讓上司省心，讓團隊的利益最大化。站在老闆的角度考慮問題，我們才能更加深刻地了解老闆的過人之處，以及體會到老闆的不易。所以，別在乎自己是不是對公司舉足輕重，要注重長遠的發展，把自己作為公司的主人進行定位，履行好職責，積極把握機會，早晚都會成為企業中非常重要的一員。

事業心決定你的事業高度

有一次，員工小A隔了好幾天都沒把倉庫的貨發出去，客戶催了好幾次，他仍無動於衷。我實在看不下去了，便叫過來問責。他理直氣壯地回答：「老闆，沒有包貨的氣泡紙了。」說完還用期待的眼神瞄著我。我問：「為什麼沒了，沒買嗎？」他驚訝地反問：「您昨天在看銷售氣泡紙的網路商店，我以為您買了呢……難道沒有嗎？」我感到好氣又好笑：「我怎麼不知道我買了？買氣泡紙是誰的事？」小A這才低下了腦袋說：「我的。」「那我憑什麼替你做？」他頓時無話可說。

我告訴他：「沒有經過請示溝通，就胡亂猜測主管的意思，還擅自改變工作流程，而且不是多做工作，是少做了工作，耽誤了客戶的收貨，這是偷懶，是很嚴重的行為！要挽回錯誤，就趕快去買氣泡紙包貨，迅速發貨，並向客戶道歉！」

不管你現在身居哪一個職位，你都要清楚一個事實，那就是——你是你工作的CEO，是你負責自己這個「單位」的日常營運，是你決定著「你」這個單位的未來走向，你的每一個轉折點，都需要自己做出決定，而不是別人替你鋪路。所以，不要胡亂猜測上司的意圖，也不要天真地認為上司會替你做好你自己應該做的事。

提升職業認知度，主動做好分內事

人們都習慣於將自己看得很高——我的能力很強，當得起更好的職位，配得上更高的收入。但當你把自己的位置放得更高時，就該有一個更高的職業認知度，要明白自己的人生高度並不僅僅只限於找好的工作，而必須在眼下的工作中挖掘更大的機遇。怎麼挖掘？就是尋找那些沒有被滿足，但你的能力恰恰能填補，且是你份內事的工作需要。比如小

A，他發現氣泡紙沒了，就要第一時間主動地下單購買，自己去解決這件事。這是一個非常重要的認知問題，表現了他的事業觀，也決定了他的事業高度。

勤於思考，積極行動，才能有更大的事業成就

在尋找自己的事業機會的時候，你就要避免像一個雇員一樣被動地去思考，應該滿腦子都是如何把這件工作各環節全部做好，別總等老闆的督促。只有採取這樣積極的思考方式，才能讓你在工作競爭中日漸佔據主動，成為深受老闆和客戶信任的人。

員工平時要多學習，多經歷，同時也要保持一個主動思考的大腦。當然，這一切你都不一定要在同一家公司完成，是一個長期的成長過程。但至少，你要從一個又一個的小問題做起，懂得管理自己，完成自己的工作，為公司貢獻自己的價值。

第三章

老闆思維也是環形思維

公雞和母雞的價值

有個員工找我請三天假，理由是工作太累了，想休息幾天。我問他：「你的特休和事假都已經用完了吧？」他苦著臉說：「是啊，可是我真的很累！您扣我的錢吧，讓我好好睡兩天。」我說：「好，那我給你兩個選擇：一、自己申請離職，不用再工作；二、繼續工作，不能請假！」員工覺得我不人性化，他一臉「你真殘忍」的表情，我只好告訴他一句職場真理：「不是我不人性，是你太任性。送你一句話：母雞一天一個蛋，湯鍋靠邊站。公雞一天一打鳴，主人刀下也留情。」

葛優在電影裡說，二十一世紀最缺的是人才。但是二十一世紀最不缺的又是什麼呢？是人！人在公司中既有「人」的生命屬性，同時又有公雞和母雞的工具屬性。既然是工具，就得對公司有價值。沒有價值的工具會第一時間被拋棄，因為公司不能容忍任何無效支出。

公司不是人生的溫床，老闆不是隨時都包容你的父母，如果一個員工沒有了利用價值，不能給公司帶來利益，就像公雞和母雞一樣不具備打鳴和下蛋的作用，那麼不僅老闆會將你淘汰，整個市場都沒你的容身之地。所以員工要清楚地明白，工作不相信辛苦的眼淚，只相信貢獻帶來的價值。

必須做一個無人能取代的人

無雙從英國的一所知名大學畢業歸來，進入了國內一家化妝品公司，老闆十分看重她的留學經歷，經常在眾人面前表現出對她的器重。不久之後，無雙要與公司的老員工玲玲合作做一個產品的策劃，為了表現出自己的實力，她積極地出著點子，修正著自己的想法，和玲玲一起把企劃交給了老闆。

老闆非常高興，對無雙提出了表揚並提高了獎金，任命她為公司企劃部的總監。但是時間長了以後，無雙卻感覺自己有點被掏空了，創新能力下降，思維僵化。後來幾個月的企劃都是玲玲一手操刀，而且不再依靠無雙就能獨自把企劃做出來。不久之後，無雙就被玲玲取代，受到了老闆的冷落，很快便離開了公司。

現代社會的工作環境是殘酷的，環形思維的根本原則就是回饋結果，創造價值。一個可靠的員工必然是有價值的，能源源不斷地為企業做貢獻。我希望每個正準備進入職場或已經身在職場之中的人都清楚這個道理，千萬不要活在自己編織的美麗夢境之中，以為企業會給你調整的時間，會體諒你的心情。因為每個人都面臨著被同事取代、被市場淘汰的危險，今天也許公司還當你是塊寶玉，明天可能你就會被踢出局。一切取決於你的貢獻和價值，而不是你付出的辛苦和心血。

很多人被要求離職時都很憤怒，包括英美菸草公司的那些優秀人才，有人說：「我在公司這麼久，沒有功勞還有苦勞，為什麼要這樣對待我？」面對這樣的境遇，抱怨是人之常情，我們可以理解。但最重要的是你要懂得，如果你在公司不是一個無法被取代的核心人才，那麼公司早晚有一天會擇機找人替換你。在這一點上，普通員工和管理者是平等的。

有價值才有地位，沒價值就會被拋棄

在對下屬的培訓和教導中，無論他們遇到了什麼困難，我都有一個準則，就是告訴他們不要在別人身上找原因，而是先在自己的身上找問題。

要冷靜地想一想：為什麼別人請假立刻被批准，我請假就只能寫辭呈？為什麼我每月全勤，到手的薪水還不如休假半個月的同事？為什麼老闆看見我就拉下臉？為什麼重要的專案同事不想跟我一起合作？為什麼公司會不需要我了呢？這幾個問題都與價值有關，是我們能回饋給公司的唯一能決定自己地位的東西。只有讓自己的價值無可替代，才能在工作中免除後顧之憂。否則，你隨時都有走人的危險。面對這種工作中的「離職困境」，一定要及時地看清自己的劣勢，從自身找原因，提升自己的能力。當你有了別的員工所不能提供的東西，就能變得無可取代。到那時候，你去請假，老闆只會噓寒問暖，絕不會用公雞和母雞的故事敲打你。

老闆拿什麼拯救你？

上個月，我傳了一張圖片給小李，要他照著圖片的效果把新的廣告企劃修飾一遍。小李顯出一臉難堪的表情說：「老闆，我看見那個了，有點難啊，我可不會做。」我說：「這樣吧，現在網路上有開課，每天晚上花一個小時在網路上上課，你也去學學吧，我幫你出學費！」

他答：「算了吧，我晚上都沒有時間。」我說：「要你做你不會，要你學你又不學，那好吧，你來告訴我個方法，我該怎麼救你？」

不努力也不學習，沒人能救你

小李的表現是許多企業職員的共通點，平時工作不努力，不會的技能也找各種理由不去學習。我們從小就聽過一句話：謙虛使人進步，驕傲使人落後。對於用人單位來說，人才是重要的，但無論你是能力多麼強的一個人才，進入職場你都要注意，總有你不會和做不了的事情，一定要保持謙虛和一顆上進心，抓住學習、進修的機會，否則關係再好的老闆也救不了你。

有一家食品公司的蘇經理，一直以為自己享有一個良好的口碑，因為不管在什麼時候，如果他發現公司的決議不妥時，哪怕是高層，他都會立刻指出來。他認為自己是一個能及時看清問題的優秀雇員。但與大多數對於自己的缺點渾然不覺的人一樣，蘇經理也沒能認識自己身上的問題，慢慢放鬆了對自己的要求，不再像以前那樣及時充電，對工作懈怠起來。這一點，差點讓他在事業上栽一個大跟斗。有一次，公司開會時討論到一個議題，老闆要蘇經理談談看法，他發現自己對這個議題根本不懂。平時早就等著看他笑話的同事們，此時冷嘲熱諷，讓他顏面盡失。

會後，老闆找他談話，對他說：「如果你還是保持這種鬆鬆垮垮的狀態，不僅你和同事的關係好不起來，你的事業恐怕也要到此為止了。」蘇經理猶如醍醐灌頂，他很快重新參加了一些培訓班，學習最新的知識，提高工作技能，在處理同事關系時也變得更加謙虛，逐漸扭轉了同事對自己的評價。

許多有著出眾業績的優秀員工和管理人員也都會面臨降職甚至解雇的風險，究其原因，就是他們以為自己有著輝煌的過去而放鬆了對自己的要求，在工作中坐在功勞簿上，不再努力，也不再學習。這種態度保持下去，是不會有好結果的。

最忌諱的是「吃老本」還驕傲自大

第一，驕傲自大、從不學習的人，是在自討苦吃。要及時地看清自己這一缺點，並且積極地改正，使自己謙虛謹慎，才能在工作中越走越遠。否則，就會有失去這份工作的危險，想在殘酷的競爭中再找一份新工作也很難。

第二，不會沒關係，不努力提升才是問題。不管是生活裡還是工作中，我們都難免會出錯，都有自己不懂的問題，這並不可怕，因為人無完人，沒有任何一個人可以保證自己能處理所有的問題。但重要的是，我們要從問題中汲取教訓，不要在一個地方跌倒兩次，要努力提高工作的水準，學習最新的工作技能，才能表現自己在公司的價值。

憑什麼跟老闆談判？

小李在實習期時找我談過一次轉正的問題，他很著急地說：「老闆，您看我都來公司兩個月了，能不能讓我提前轉正職呢？」「為什麼要讓你提前轉正？請告訴我一個有說服力的理由。」

小李一說一大堆：「我不遲到、不早退，主管要我做的都做了，同事要幫忙的我也都積極配合。」

我說：「哦，不遲到、早退就值得驕傲啦？有沒有做過別的？遲到、早退、不做事、不聽話的沒過試用期就都被辭退了。只是這個原因就想提前轉正，那麼跟你一起進公司的有沒有提前轉正的？」

小李立刻說：「有！好幾個呢，上週簽了正式工作合約。」我說：「為什麼他們能，你想過原因嗎？他們不光做到了你說的這幾點，而且表現出了和正式員工一樣的工作能力，創造了很多的業績，所以公司根據規定提前讓他們轉正。不過既然你問到我了，我努力嘗試著做個錯誤決定吧：不能讓你提前轉正。」小李的嘴張得老大說：「老闆，那如果是正確決定，該是怎樣呢？」我說：「立刻辭退你。」現實中人們都遇到過跟老闆談判的事情，工作久了想提條件，實習期快到了想轉正，專案開展時想獲得更多的資源，或者是升職、調職之類的，都需要老闆點頭。但是，並不是所有的事情都能毫不猶豫地答應。企業不是慈善機構，是一個需要利潤的組織，誰行誰不行，完全看你為企業貢獻出的利潤，而不是看你的態度。有態度是基礎，有價值才是王道。當你想跟老闆談一談、提一些條件時，必須先掂量一下自己在他眼中的價值。

第一，沒奉獻出足夠的價值，就沒有談判的資格。我對公司的人多次講過一個原則：你想升職、想得到上司的青睞，很簡單，拿貢獻來談。有了貢獻，不用你提要求，公司就會主動滿足你的心中所想。貢獻出的價值有多大，公司能給你的就有多少！而如果沒貢獻出價值，那麼你就沒有任何談判的資格。

第二，提高能力，成為公司不可缺少的人。為了讓老闆另眼相看，你需要提高自己的能力，尤其是為公司賺錢的能力。比如，不是每天早到晚退，而是用最少的時間做出最好的工作；不是努力表現勤奮，而是悄悄地就拿下了一個大訂單，或者用自己的工作減少了公司的支出等。這樣你才是公司不可缺少的人，老闆也才有可能滿足你的要求。

你憑什麼加薪？

就像前面說到的，你貢獻了多少，公司就回報你多少。加薪和升職完全按照這個原則，在所有的企業中都是這樣的，沒有例外。現在很多人都在研究如何跟公司談判，獲取最大的收益，但談判的本質不是索求，而是雙方付出與回報的博弈。你從公司獲得的收益，是與你的付出相關的。所以當你想找老闆談薪水時，要先問一下自己：「我憑什麼請老闆加薪？」

公司銷售部的某員工曾找我正式地談過薪水的問題，他的理由我也很能理解，北京的生活成本很高，除去昂貴的房租，還有日漸增加的生活支出，許多水果的價格高得嚇人，以至於買得起它們也成為一種人人嚮往的「自由」。更何況，公司最近的效益不錯，他帶領的團隊又簽下了幾個大單，所以他覺得是開口的時機了。

不過我告訴他，我暫時不能為他加薪，原因有三：第一，客戶是我找來的，談判是我談的，他只是全程跟著做了一些事務性和輔助性的工作，這些工作不具備獨特價值，因為換了別人也能做。

第二，與客戶簽單的過程不是由他的團隊獨立完成的，其他的團隊也幫了忙，大家都有貢獻。第三，能簽下那些訂單的一個重要的原因，是因為公司願意打折，犧牲了應有的利潤才換來了這些業務，並不是他說服了客戶。

但是，鑑於他的工作能力很不錯，態度也端正，我跟他做了一個約定：「當你可以自己找來客戶、獨立完成全單、全價簽下合約，我就幫你上調一級薪資。」這才是一個人可以加薪的資本。經過我的解釋，這名員工從這個透明的標準中了解了情況，對未來也增強了信心。

公司對你的獎罰一定有道理

工作中有的人加薪了，有的人卻被扣掉了獎金甚至削減基本薪資，在公司內部被降級。這都很正常，每一家公司都有它的績效考核系統，針對的便是員工價值的變動和評估。人在企業中的價值不是恆定不變的，而是動態發展的。比如，去年你的能力不強，為公司的貢獻少，收入自然低，說明你的價值低；但今年你累積了經驗，工作能力進步飛速，為公司的貢獻大了，收入自然增加，說明你的價值得到了提高。有一天員工小陳找我抱怨道：「我和小胡一起進公司，為什麼他升職加薪，我卻一直沒有得到這樣的機會，甚至基本薪資還減了一千五百塊？」我就問他：「你和小胡上週參加展覽會，有什麼收穫？」小陳想了想說：「那個展覽會啊，人太多，空調還不好，簡直熱死了，而且沒有地方買水，我們兩個渴壞了，吃午飯的地方也是人山人海。」

我嘆口氣又說：「小胡可沒說這些，他回來後寫了一份報告給我，報告上說參展會共有五個展區兩千八百家參展單位，五百強企業占了八十二家，其中十五家跟我們有業務合作的可能性，他都一一跟進談過了，有四家表示可以繼續探討合作的意向。另外不是五百強的企業也有名單，如果需要，隨時可以讓業務部的人聯繫。這就是他升職加薪的原因，也是你不升職加薪反而減薪的原因！」

所以，不要賣力表演，結果不會騙人。也不要相信「不以成敗論英雄」，那是毒雞湯！公司對一個人的獎罰總是有理由的，不會憑空針對某個人。如果你發現自己的薪水遲遲不上漲，同事卻隔幾個月就漲一次，別懷疑，一定是你自己的問題！

升職加薪的正確述說方式

如果你覺得自己的貢獻很大，到了該升職加薪的時候，如何跟老闆談判呢？談判是一種由雙方共同參與的博弈，無論你有多麼優秀，都必須根據公司的需要、自身的價值和時機制定正確的企劃，從老闆那裡尋求更符合自己條件的職位和薪資。

第一，先自我評估。請自行搜集以下資訊：過去六個月的平均業績是否比以前有較快的增加？是否展示出了足以達到公司考核標準的工作水準（可數據化）？是否得到了上司、同事的一致好評（工作關係）？自己近期的綜合工作表現是否已達到了申請加薪或升職的標準？

第二，等待合適的時機。你確實很優秀，這只是達到了第一個標準，還需要成為公司內部計畫升職加薪的對象，也就是進入考核名單，迎來一個合適的時機。這時提出你的要求，成功率將大大增加。

第三，提供書面報告。向公司提出升職加薪的要求時，應該打一份書面報告，用數據總結自己的成績：我之前在多長的時間裡做出了多少業績，在公司的排名如何；然後提出訴求：我想升職帶領一個團隊，想增加多少薪水。再說出自己的工作計畫及工作預期：準備帶領幾個同事，用什麼樣的方法，在多長時間內，完成什麼樣的業績。這說明你的準備很充分，想法也很理性，並非一時衝動的行為，公司才會予以重視。而且，能做到這幾步本身就是能力的表現。

一定是你做錯了什麼

行政經理發現小吳被辭退了，過來問我原因。他覺得小吳的業績那麼好，辭退了很可惜。我告訴他，一個人當然可以很強，但公司也可以不用他。至於辭退他，一定是他做錯了什麼。比如，他從客戶的手裡用成本價幫自己的母親買了一套產品。這雖然是一件小事，但絕非小題大做，而是壓死駱駝的最後一根稻草。

忽略了細節，你就失去了成功的五十%

工作中的小事是細微而不起眼的，經常讓人覺得瑣碎和煩悶，不為大多數人所重視。但事實上，任何小事都會關乎大局，牽一髮而動全身。處理小事的能力非常表現一個人對於公司的價值，所以有智慧的人是不會忽略細節的。

比如，很多新人為了較快地融入公司，就會馬上加入到公司的八卦圈，不僅自曝自己工作上的細節，也大談同事的工作和生活。往往他們只是想博得同事的信任，但八卦這種事情有一個特點，你說得越多就錯得越多，傳來傳去就會得罪很多人，有時也讓自己找不準位置，反而弄巧成拙。這就是在小細節上犯了錯誤，是一種讓老闆非常討厭的行為。在企業看來，小事的失誤也會造成公司難以估量的損失。小事做不好，大事也必定做不了。這是評估員工價值的一種方式。小事也是展示人的工作能力的機會，在你的能力還不足以挑大樑的時候，就要靠這些小事來證明自己，恰恰是這些小事決定著你在公司的未來。

做對十件事，抵不上做錯一件事的損失

回到小吳的例子上，他可能過去連續十件事情做對了，為公司貢獻了一些價值，但他利用客戶關係為親屬購買低價產品這件事，足以將他前面十件事情的價值全部扣光，把他的價值扣成負分，就會讓公司對他失去信任。所以才有這句話：你做對了十件事，也抵不上做錯一件事的損失。

所以，必須一心一意地從細節入手，在細節上證明自己。哪怕在你看來這件事情很小，在大家眼中也不算什麼，你也要兢兢業業，盡到職責，不犯錯誤。久而久之，你會看

到不一樣的自己。細節上的成功聚集起來，你就會成為一個非常優秀的員工。

一定是你做對了什麼

新入職的小女生資歷和工作經驗都不合格，卻在面試後被錄用了。人事部經理覺得有問題，就過來問我。我告訴他，關鍵的原因只有一個，她進門的時候在地墊上蹭了蹭鞋底的土，面試的時候先握手才落座，走的時候把紙杯扔進了垃圾桶，並且把椅子放回了原處。就憑這一點，我認為她是一名潛力巨大的人才。能力不足可以培養，好的品質卻是一種稀有的資源，必須把她留住。

價值往往透過細節表現

阿勇和錢濤一同進入一家外商公司，這家公司給二人的發展空間都很大，他們自己也很珍惜這份工作，所以兩個人都很努力，希望試用期之後能夠留在公司。因為競爭激烈，兩個人工作都很賣力，上班不遲到，不早退，經常幫助同事做這做那。他們的宿舍也十分乾淨，一塵不染。但是試用期之後，留下來的卻是阿勇一個人，錢濤被辭退了。過了一年，阿勇被提拔為部門經理，因為和總經理的關係日漸親密，便問起當初為什麼留下的是他而不是錢濤。

總經理是這麼回答的：「在你們之間選出一個更好的真的是一件很困難的事，因為你們都很優秀，工作一絲不苟，同事關係也很融洽，但我發現了一個細節，凡是你們不在的時候，錢濤的宿舍都會亮著燈，開著電腦，而你總是關掉燈，也關掉電腦。所以，我們最後留下了你。因為你在細節上做得更好，充分說明你很替公司考慮。替公司考慮，就是一個人最大的價值。」

這件事看起來不大，對公司來說省不了多少電，可是卻表現出了一個人的做事方法，老闆會想到如果放到大事上，會有多大的價值？從這個角度一想，留下阿勇就一點也不意外了。

機遇也往往潛藏在細節之中

十幾年前，我曾經在為一位客戶提供一次很小的服務時，因為非常耐心周到，客戶介紹了一個金額多達百萬的訂單給我，客觀上幫助公司獲得了一筆很大的資金。所以我一再對員工說，假如你不知道怎麼為公司創造大價值，就先想著怎麼從小的方面入手。比如拿不下大訂單，那就先去跑一跑小訂單，哪怕是幾萬元的小單子，把它做得盡善盡美，也是為公司做貢獻，是在表現自己的能力。時間久了你就會發現，這些對細節的處理過程中往往潛藏著很多大機遇，就看你能否敏銳地捕捉到。

對細節的把握，表現了一個人的責任心。想要具備隨時做好細節的觀念，就要樹立起對於工作的責任感，把公司的事當成自己的事，端正態度。只有端正了工作態度，才能在工作中發現細節、做好細節，以無比認真的態度對待工作中的每一件小事，才能最終為公司創造更大的價值。

把小事做對，大事就有機會。小事都包括什麼？不僅是一個小訂單，也是一個對客戶的微笑、一次密切的工作配合、一張數據嚴謹的報表，或者是某個舉手之勞。把這些小事做好做對，老闆才願意給你做大事的機會，也才能幫你提高薪水，甚至提拔到更重要的崗位上。

在這個公司都做不好，跳到另一家就能做好嗎？

小宋有一天突然想辭職，但還有些猶豫，我對他說：「既然你還不確定，那我可以給你個建議，你現在離開不是好的時機。為什麼？因為你現在走，我完全無感，很快會忘記你，公司也毫無損失。你應該趁著在公司的機會，拚命地去為自己拉客戶，成為在公司獨當一面的人物，到那時候你如果走的話，公司將損失慘重，那麼你至少可以獲得跟我談條件的機會。而且如果你真的做到了，收入會提高，職位會升遷，同事會尊重你，客戶會看重你，你在公司便有了價值感和存在感，也許就不需要也不想離職了，屆時你想的是，如何才能將工作做得更好。」聽完我的話，小宋打消了辭職的念頭。

那山不一定就比這山高

在我看來，人生就是一個不斷攀登的過程，工作也是如此，就像登山一樣。在登山時，我們有時會遇到陡坡險途，遭遇艱難險阻。有時也會遇到下坡，一帆風順地就過去了。當我們攀登完一座山峰，許多人會選擇一個新的起點，再攀高峰，人生追求進步，事業想更上一層樓，這是一件很好的事情，我也很理解人們想跳槽到更好公司的想法。但人們經常犯的一個錯誤就是，他們認為自己腳下站的山峰沒有別處的山峰高，總以為山外有山，別的公司比現在的這家公司好。

這山望著那山高，表現到工作上就表現為你對自己現有的工作充滿了抱怨，覺得薪水低，強度大，公司平台也不給力，總以為如果去其他公司會更好。可是當你真的去了另一家公司才恍然發現，原來很多地方還不如自己剛離開的公司。

想一想有沒有離職的實力再做決定

離開以後你能做什麼？這是你應該重點思考的問題。如果你是一位鑽井工人，也許會為沒有正常的作息時間、沒有假期而感到苦惱，羨慕那些朝九晚五的職業。但是當你離開鑽井平台，還能做什麼呢？這才是問題的重點，是計畫離職時需要優先思考和解決的環節。有實力的人在哪裡都能做好，沒實力的人即便給他最好的平台，他也做不出像樣的成績。

所以，想表現價值就得腳踏實地，不要這山望著那山高，腳下實實在在走出來的路，實實在在征服的山峰才更能證明自己的實力。

敢不敢與公司對賭？

員工小龍發現公司把他研發產品的預算砍了一半，不高興地找我討說法。我說：「因為你客戶的報價低，所以公司只能降低預算。這是市場經濟，公司要保證利潤率才能活下去。」小龍說：「如果產品好，客戶也許改變主意願意提高報價了呢？我們賣給其他的客戶，也能提高價格。」他不死心，我只好跟他說：「那你換個想法，研發產品的錢你個人出，產品出來利潤的一半都給你，你看怎麼樣？不敢賭，那就去跟客戶把價格談上去，別在研發成本上妥協。」

恐懼風險，你就一定失敗

風險在工作中是一定會出現的，現在已經找不出沒有風險的工作了。我們做任何事情都有兩種可能性，一是成功，二是失敗。取決於我們投入多少，投入多，成功的機率大；投入少，失敗的機率大。站在企業的角度，員工的價值表現在「可以用較小的投入獲得較大的成功機率」。因此，企業願意替這樣的員工承擔必要的風險，為他們的工作投入很大的支持，對他們的專案提供人力、物力和財力的支援。反之，企業就不會冒險扶持一個能力較弱的員工。

對賭：強者為王

一個人如何才能證明自身的價值？是在公司的全力支持下把飯餵到嘴裡，還是在條件不怎麼有利的情況下憑藉自己的本領奮力獲得？答案是不言自明的。我常跟員工提到一個詞：對賭。就是說，你為公司拿到了什麼業績，公司就提供你什麼樣的支援。業績高了，支持就高；業績低了，支持也會降低。假如員工覺得公司的支持力不夠，他完全可以自己投入一部分資源，由此獲得的收益，公司也完全可以分給他一大部分。這種做法並非我獨創，是非常流行的屬於「內部創業」的一種文化——有才華的員工憑藉個人能力在公司一定的支援下獨立負責部分業務，與公司展開對賭。

【中篇】

做事可靠：凡事有交代，件件有著落，事事有回音

做事可靠的人從合作網路上接到一個訊息或者任務，處理完畢之後，一定會再回饋給網路，確保兩頭連接。而且不管結果怎樣，都會給當事人回饋，尤其在出現過失或錯誤的時候，更不會逃避責任或不了了之。

第四章

丟掉「學生思維」，是可靠的第一步

公司不是學校

有一天，小輝又和以前一樣請教問題，他說自己有好多的工作做不好，希望我慢慢教他。他想進步，這當然是好事。但我問了他兩個問題。

「第一，你來公司上班，我收你學費了嗎？」小輝答：「沒有。」第二，「你來公司上班，我發你薪水了嗎？」小輝答：「發了。」「那好，你領了薪水是來幫公司解決問題的，不是來製造問題，然後讓我教你的。你出了問題，我忍得了就教你，忍不了我就辭退你。但你最好早日強大到能解決一切問題，如果你準備一直被人教才能做好事，我建議你儘早離職，換一份你能駕馭的工作。懂了嗎？」

小輝就像被人從睡夢中一拳打醒，點著頭出去了。他的行為我不反對，但他的想法需要糾正。員工和公司的關係不是學生和學校，老闆也不是老師。員工永遠別指望由老闆帶著進步，除了你自己，別人是無法幫助你進步的。

真的好，怎麼會沒人培養？

公司小郝的例子和小輝相反，小輝能力一般，但希望老闆教教他，小郝則是能力很強而默默地做貢獻。有一次他的上司趙經理拿過來一個企劃想讓我看看，我看了以後發現做得很好，便問他是誰寫的，趙經理說：「我的手下小郝，他勤奮肯幹，悟性高，能力強，人又低調，我認為他將來肯定比我強。」就這樣，在趙經理的推薦下，小郝成了他這個部門的副經理，也成了公司的重點培養對象。

長江後浪推前浪，年輕的員工中總有人才出現，上司也總會看在眼裡。如果你像小郝一樣真的有很好的潛力，並表現出了一定的工作能力和態度，管理者又怎會視而不見呢？沒有哪家公司願意失去一個真正的人才，除非你的能力未達到標準。被公司重用、重視和培養的人總是有依據的，同理，不被重用、重視和培養的人也要從自身尋找原因。

尊重不是別人給的，是自己爭取的

人除了自我尊重外，也希望得到別人的讚揚和尊重。比如口頭上的讚揚、待遇上的尊重、職位上的扶持等。但在職場中，自尊和尊重並不是同一種東西，自尊更多地由一個獨立的個體完成，尊重則需要他人乃至團隊集體的共同認可。

換句話說，想要公司尊重你，首先你要學會尊重別人。對待上司，你完整和高效地完成工作，這是一種對工作的尊重，同時也是對上司的尊重，更是對你自己的尊重。自然你會得到相應的回報。對同事尊重，不觸犯別人的底線，同樣的，同事也會尊重你。對待下級，肯定他做出的工作和努力，是對下級工作的尊重，同時他們也會很尊重你這個領導者。這些事情做好了，公司就會為你提供廣闊的發展空間。

要得到公司的尊重，是要靠自己的「本事」去爭取的。你有多大的本事，公司就給你多大的平台。當你覺得自己在工作中得不到老闆的青睞時，一定要先想一下是不是自身的問題，別急著把鍋甩到其他人的身上，甚至對老闆怨氣沖天。

機會滿天飛，能否把握看自己

老闆從來是給員工機會的，就看你是否抓得住。公司簽了一個新專案，我安排熊經理和小王一起把這個專案做好。熊經理不樂意了，他不想跟小王一塊工作。問他原因，他認為小王辦事總是拖拖拉拉，跟自己的脾氣合不來。他保證自己一個人也能做好這個專案，沒有小王也不影響他的進度。

我正色說：「你要發現他的優點，揚長避短，學會跟他合作。我要小王去你的部門，就是磨礪你的，突破不了這一關，你就很難有上升的空間！我會密切關注這件事，你不許支開他，只能用。是批是哄、是寵是罵我不管，用好他，業績不但不能受影響，還要有提升。」

解決這個事以後，過了一段時間，我發現熊經理團隊的業績本來就不高，最近又下滑了，便問他怎麼回事。熊經理滿頭大汗地解釋自己為業績做了哪些工作說道：「老闆，我也很著急，該做的我都做了，該說的也都說了，向客戶介紹了公司實力、成功案例、服務優勢、團隊能力等，不說口吐蓮花吧，也已經淋漓盡致地展示了我們的高品質服務，遺憾的是訂單不多。」

我說：「好好好，我救你一下，給你提個建議，下次帶隊伍去見客戶，別只要求員工穿西裝，自己也穿上西裝！」

熊經理不解地說：「老闆，您還有沒有點別的乾貨？我覺得經理的衣著只要別太隨便，還是能表現出親和力的，比穿西裝好。」

我說：「先做到這一條，然後再說其他的。你自認為的親和力一直沒有幫到你，還讓你有限的業績下滑了！所以再去見客戶的時候，先穿上西裝！」

企圖心：無欲無求，無路可走

熊經理低著頭走了。我給了他不少機會，但他如果抓不住，公司也就不可能一直將他留在部門經理的位置上。從心理學的角度講，工作中要實現環形還需要上進心的驅動。人有了上進心，就願意主動學習知識，努力捕捉機遇，並且想辦法實現目標，給公司一個完美的結果。

我常常說這樣的一句話：人為什麼會進步？那就是欲望的驅使。欲望就是上進心。很多求職者會認為自己進入了一個公司，就可以「高枕無憂」了，所以行動上自然也會開始怠慢，這樣就違背了公司錄用你、重用你的初衷。老闆給你薪水，自然是想讓你給公司帶來源源不斷的利益，如果你不思進取，解決能力也自然不如從前，結果當然是得不到公司的重用，自我的發展也就停滯了。沒有企圖心，沒有欲望，就會像熊經理這樣用隨便的態度對待工作，業績下滑了也找不到真正的原因。

職場是殘酷的，一切唯結果說話。本書就是想讓讀者明白這一點，一個有進取心的員工，就需要一種對結果、對成功的強大企圖心，想盡一切辦法把握機會，把事情做好。因為一個有企圖心的人和一個沒有企圖心的人，對待同一件事情時完成的程度是大大不同的。

為了發展一項新的業務，公司要喬豔和胡凡聯繫有關的專家來講課。胡凡聽後覺得很激動，她認為這是鍛煉自己的一個很好的機會，說不定以後這一塊的業務都由自己負責了，所以暗暗下決心一定要完成。而喬豔卻不以為然，覺得老闆肯定有大把的資源、更好的專案，但卻要自己一個剛剛畢業的學生去做這樣不能產生效益的事情，要知道那些專家的架子都很大，去跟他們打交道是一件苦差事，況且這件事對自己一點明顯的好處都沒有，還不如安心做好分內事。

接下來的幾天，胡凡到處搜索著專家的聯繫電話，知名專家公佈出來的差不多都是辦公電話，打過去很少有人接，有時對方的助理接了，也是立刻拒絕，或者提出的條件很苛刻。但胡凡沒有放棄，幾天下來便找到了合適的人選，並且當面談好了合作的事宜，事情很快解決了。喬豔也是跟胡凡一樣地去聯繫專家，可是碰了幾次壁便失去了信心，乾脆放棄了這項工作，任由胡凡一個人把事情做完。

同樣一件事，兩人的態度和處理結果都不一樣，對他們前途的影響也是顯而易見的。半年之後，胡凡果然成為這項業務的負責人，為公司培訓了大量的優秀員工，帶動了業績的增長。喬豔卻因為失去了升遷空間，不久只能選擇離開。

給你機會，抓不住也無用

企業的主管不願意聽到「不行」、「抱歉」之類的話，管理者並不在乎員工工作時的過程、遇到的問題等，而是注重結果，給了你機會，你就要做好，沒有任何理由可以推託。有企圖心的員工，就是有進取心的員工。他們的成長空間不可限量，企圖心本身就是一種建設性的力量，是創造力的源泉，也是做好工作的強勁動力。一個人的實力是需要表現出來的，表現的最佳方式，就是抓住機會，創造價值。

發現自己的錯誤很難

每個人在工作中別過於自信，要養成自省的好習慣。通俗地說，自省就是當事情做不對時，及時意識到哪裡出了問題，然後在別人的批評、督導下立刻改正，提高自己解決問題的能力，適應環境的要求。但正如標題所說，人發現自己的錯誤很難，經常付出沉痛的代價後才明白最該做的是什麼。

員工小王拿著我要的影印紙進了辦公室，我說：「為什麼是A四的？我要B五的。」小王出去很快又回來了說：「老闆，這是您要的B五影印紙。」我說：「這幾張不夠，拿三十張來。」小王迅速執行說：「老闆，您要的三十張B五影印紙。」我又說：「去交給小李，讓他影印我要的資料。」

「唉！」小王不高興了，抱怨道：「老闆，您為什麼不直接告訴我拿三十張B五影印紙給小李列印資料呢？您這是在折磨我。」「對，我就是在折磨你，可你知道自己錯在哪了嗎？」

我說：「這份資料是客戶需要的，是你的本職工作，相關資訊你也早了解到了，客戶、我和小李已經等了你兩個小時，你完全沒有要做點什麼的跡象，坐在自己的椅子上像沒你的事一樣，我提醒你拿影印紙，你沒感覺，拿了A四的給我，我提醒你拿B五的，你沒感覺，拿了三兩張給我，我提醒你拿三十張，你還是沒感覺，反而質問我為什麼不一次交代清楚。我和小李在替你做該做的工作，你卻來質問自己的上司為什麼不交代清楚？」

小王這時才恍然大悟，趕緊道歉。我當即公佈對他的處罰：扣罰當月獎金的三分之一，並且罰他抄寫部門工作規定三十遍，再交上一份檢討，當眾閱讀承認錯誤。我告訴他：「這不是在折磨你，是在挽救你。」

感謝那些「折磨」你的人

生命中每一個人的出現都會給我們帶來一些好處，哪怕是壞事。因為所有的事情的屬性都是「不絕對」的，所有對於你來說是壞事的事，都會讓你在處理的過程中獲得經驗，汲取教訓，以後就能避免同樣的錯誤。所以，壞事也是值得感謝的，但前提是你能及時地發現並且改正。

不得不承認，許多偉大的成功者是在世事的折磨中突出重圍的。折磨對於他們來講不但是一種教訓，也是一種寶貴的歷練，更是一種難得的激勵。有句話說：在壓力下前行，能讓你變得更強；在升力下前行，只會退化自己有力的翅膀。比如工作中我們難免會遭受到上司的批評、客戶的傷害和欺騙、同事的諷刺甚至是公司的責罰，面對這些折磨不要憤恨，更不要灰心喪氣。相反的是，你應該感謝那些有時間、有興趣並且有耐心「折磨」我們的人，是他們激發了你的鬥志，說明你認清了錯誤，鍛煉了你的能力，讓你變得更加優秀。

真正促人進步的不是從書本上學到的知識，而是那些在現實中被對手、被問題所激發出的潛能。折磨是人生中的痛苦經歷，也是一個人最好的老師。在各式各樣的折磨中，我們可以被激發出積極的一面，加快自己的成熟。這是一種真正的成長，可以「逼迫」我們快步走向成功。面對這樣的人，我們應該發自內心地感謝。

在低谷中自我修正，實現關鍵突破

《當幸福來敲門》是美國著名演員威爾．史密斯與他的兒子共同出演的一部電影，威爾飾演的推銷員遭遇了事業的低谷，妻子離開，他甚至拿不出錢來讓兒子和自己有一個基本的安身之所。這些都是他遭遇的種種磨難，他為自己的過去付出了慘痛的代價。面對這些問題，威爾並沒有放棄，他的選擇是接受，然後改變。

一次偶然的機會，威爾進入到了一家公司，過去所遭受的折磨讓他珍惜眼下的工作機會，讓他努力抓住每一個客戶。不久之後，威爾從實習生變成了正式員工，並在公司中獲得了良好的發展。

工作中遇到低谷時，只要端正態度，那些傷害你的人、折磨你的事就能讓你變得更好。在低谷中，要反省錯誤，自我修正，從錯誤與挫折中得到的東西才能轉化為積極的動力，幫助你戰勝未來的挑戰。

信心很重要

我安排員工小B去某地做市場調查，他跑了一圈得出的結果很消極，他說：「唉，老闆啊，我已經深入地調查、研究過了，這個地區的市場根本沒辦法做啊，因為這裡的人都沒有使用我們產品的習慣，我們在這裡也沒有任何的知名度，所以銷售起來肯定得不償失。老闆，我建議放棄這個地區的市場。」

「好了，我知道了。」我說，「這個地區的市場，我會全權交給小A來做。」

小B一臉震驚地說：「啊，憑什麼給他？」我說：「在找你來之前我已經找過他了，他很興奮地跟我說，這個地區的人從沒有使用過我們的產品或者同類的產品，這裡是一個巨大的潛在市場，他對我們的產品品質也很有信心，認為這是一個很好的機會，可以在這裡開闢出一個巨大的市場。他行，你不行，公司當然把這個地區交給他負責了。」

拋開眼光的問題，這件事透露出來的還有兩個人不同的態度。小B消極，但是小A很樂觀，他自信地認為一定可以做到。自信，是每一個成功人士的共同點。我們絲毫不用懷疑這句話的真實性，美國的一家心理機構曾對歷史上的一千位名人做了一份全面的人格素養調查。這些名人來自不同的國家、地區、領域，結果發現，他們都擁有一個共同點：自信。是信心而非天賦促成了他們最終的成功。哪怕在最黑暗的時刻，他們也從沒放棄過對於未來保持樂觀。

信心是發揮才能的基礎。以培養推銷員著稱的布魯金斯學會有一個傳統，就是他們會設計一道十分考驗學員能力的題目給推銷員們，以測試他們的能力。有一年，他們的題目是：如何將一把斧頭賣給小布希總統？

這道題目一出，學員們自然焦頭爛額，不少人知難而退，唯獨有一位名叫喬治．赫伯特的學員相信自己可以做到。他迎難而上，不久之後果真把一把斧頭成功地推銷給了小布希總統。他知道總統有一片農場，於是便寫了一封信給小布希：

有一次，我有幸參觀了您的農場。我發現您的農場種了許多矢菊樹，但有些樹已經死掉了，而且木質已經變得鬆軟。我想，您需要一把小斧頭來解決這個問題，但是以您的體質，一把小斧頭顯然對您來說太輕了。因此，您需要一把鋒利而且使用起來順手的好斧頭，現在我手裡就有這樣一把斧頭，很適合砍伐枯樹，如果您感興趣，希望能給我回覆。

結果如何？是喬治收到了小布希寄給他的十五美元，用來購買他的這把斧頭。

現實中許多事情都是如此，並不像我們自身想像的那麼難以做到，你最終沒有做到的原因也不是問題多難，而是你自己完全沒有努力或僅稍作努力便徹底失去了信心，當然便成功失之交臂。

樹立信心的四個步驟：

第一步，經常肯定自己，突出自己積極的一面。每天要告訴自己：「我有很多的優點以及值得驕傲的事情！」這樣可以給自己一天的生活、工作注入積極的力量。

第二步，經常與自己對話，做一個能夠與自我交談的人。在自我交談中，不要去詆毀自己的能力，而是要鼓勵自己最大限度地發揮優勢，表現出應有的價值。

第三步，工作要做到精益求精。必須不斷地完善和改進自己的工作技巧，工作中為公司提出更好的建議，創造更多的效益，提供更好的結果。那麼管理者肯定願意給你更高的位置，提供更有力的支援。

第四步，抓住機會，大膽發揮自己的才幹。要將自己擅長的事情列出一個詳細的清單，在自己暫時不擅長的方面努力去做出彌補和改進，同時在有限的機會中充分發揮自己的才能，用表現讓公司重視、重用自己。

終究是你自己的原因

傳聞鴻海集團的總裁郭台銘在自己的公司視察，正跟工程師談話的時候，一個員工忍不住對他大聲說：「老闆，為什麼爆肝的是我，首富卻是你！」這名員工是個新人，表情很氣憤，說話也很衝動，讓在場的人都大吃一驚。

郭台銘沒有生氣，而是很耐心地跟他說：「第一，我拚上了全部的家當創立這家公司，承擔著所有的風險，不成功便成仁，你只需要寄履歷到我這裡上班，隨時都可以離開，沒什麼風險，這是創業者和打工仔的差別。第二，我需要不斷地創新，什麼事情都要做、都要管，你只用做好自己的分內事就行了，但還時不時地鬧情緒，這是選擇與被選擇的差別。第三，我每天二十四小時都要思考公司怎樣才能發展，創造收益，每一個決定都影響到公司的所有人，責任重大，你只需要考慮自己一天的八個小時，關心你自己的薪水和補助，以及有沒有對你不公平的事，這是責任的差別。你只要搞明白這三個差別，就不會糾結自己的現狀了。」

在郭台銘的辦公室的門前貼著一張紙，上面寫著一句話：「遇到問題先想好三個解決方案再敲門！」他用這句話告訴自己的員工，遇到問題要先內化，從內在尋找解決的路徑，而不是把問題的責任歸咎於外界，才能真正地獲取成長。無論你的工作遇到了什麼困難，情緒有多大的波動，感受有多麼消極，本質上其實都是你自己的原因，和別人無關。當一個人參加工作以後，他就不再是學生，而是需要完全對自己負責的社會化成人。不管環境如何，都要從自己身上思考解決之道。

要改變，也要適應

適應環境的變化，才能不斷進步。這個道理不僅對企業中的基層員工適用，對企業的中高層管理者和營運負責人也是適用的。時代不斷地在變，人也要與時俱進，否則便容易被後來者趕上，成為被淘汰的落伍者。公司計畫為營運工作加入網際網路因素，小輝感到擔心，他覺得公司之前是做實體的，現在要做網路肯定有難度。我說了六個字：「要改變，要適應。」小輝仍然在談困難，他說：「產品的價格出現了很大變化，我們一時調整不過來，客戶現在談判的方式也跟以前不一樣了，他們不按套路來……而且，我一時也習慣不了網際網路。」

我說：「這好辦，淘汰你，換願意改變、能適應的來做。」小輝一聽，乖乖地買了與網際網路有關的書籍，開始惡補這方面的知識。他深知公司是從不留庸人的，所以在要改變、要適應的壓力下，拚命地提高自身的能力來留住工作。

第一，不能適應，就只能淘汰。資訊時代，社會在變，工作方式也在變，這是人類文明發展和技術進步的必然趨勢。這種趨勢下，不斷會有新的行業嶄露頭角，也不斷產生全新的工作模式，一批又一批的保守派死於自己的頑固和教條化。只有願意和敢於革新的人，才能闖出一片天，在殘酷的競爭中笑到最後。假如不想改變，不能適應環境的變化，那就只能眼看著別人搶走你的工作。

第二，既要低頭努力，也要抬頭看天。成功離不開辛勤的耕耘，所以人們總是說要像老黃牛一樣低頭努力。但這句話的後一半是什麼呢？在我看來，是「也要學會看天吃飯」。形勢變了，就得順從趨勢；環境變了，也要先適應環境，然後再想辦法改造環境。

行不行，誰說了算？

小輝有一天突然想辭職，他懷疑自己勝任不了這份工作，他說：「老闆，好幾個專案我都沒簽下來，壓力有點大，可能我真的不適合我們公司。」很多人都有過這種想法，工作中邁不過某些坎，專案中突破不了關鍵環節，重壓之下就開始自我懷疑，對前途感到悲觀。

他有這種對公司負責任的態度我還是很讚賞的，說明他想為公司做貢獻，不想混日子。因此，我說：「如果我覺得你不行，我會請你離職。我沒有這麼做就是覺得你行，願意給你機會。你應該珍惜這樣的機會，不要妄自菲薄。」

「可是，」小輝說，「這幾個專案沒簽下來，公司裡面其他的聲音很多啊，大家對我有不滿，也有瞧不起我的。」我說：「你應該在乎的順序排行是這樣的，第一，你自己；第二，老闆和工作；第三，工作的心態和方法，至於別人的聲音和非議，應該排在前十名以外！假如你用同事的意見評估自己，你永遠都是不行的，明白了嗎？」

能左右自己命運的不是環境，而是我們自己。有位著名主持人曾經說過這樣的一句話：「命是與生俱來不可改變的，但命運卻是可以因為我們後來的努力而發生改變的。」命運掌握在自己的手裡，那麼你行不行也要靠你自己說了算，而不是別人。只要挖掘出自己潛在的、富有創造性的品質，就能真正提升自己的水準。

工作中要以我為主，不要太在意旁人的意見。如果命運不是把握在自己的手裡面，而是由別人掌握，比如你總是活在他人的看法中，那麼你的命運就等於是任人擺佈，沒有希望。同事說你不行，你就覺得要辭職；客戶輕視你，你就自暴自棄。長此以往，你是沒有機會從激烈的競爭中成長為強者、取得事業成功的。

從基礎做起

新來公司一週的實習生小梅向我匯報工作，我要她講講有什麼工作心得，小梅早有準備，說：「我對我們公司很看好，我要成為優秀的經理人，整合公司的供應鏈、開拓新模式、擴展公司業務、提高公司效能，把我們公司做大做強！」她就像背發言稿一樣講了一大通，全是不接地氣的內容，一點也不現實。

我說：「很好，看來我這個老闆可以讓位了。」小梅趕緊解釋道：「老闆別覺得我說得浮誇，其實我真的是仔細觀察、認真做了工作筆記、詳細列了計畫才這麼說的。我對未來很有信心！」

我稱讚了她的信心，肯定了她的上進心，但是告訴她，有往上走的想法是好的，可事情要一步步做，要從基礎做起，因為公司現在讓她去做自己計畫中的事情，她上面的那幾位經理不一定願意讓權給她，所以我先跟她約定三件事，這三件事我要求她一定要做到。

第一，實習才一個星期，居然有了一次遲到，雖然才遲到幾秒鐘，離公司允許的彈性時間還有很大的距離，但是在她將來的三個月內不可再有一次哪怕一秒鐘的遲到。

第二，她要把自己的帽子、包包、耳機等純私人物品放進抽屜或者櫃子，不能再出現在辦公室的桌面上。因為她來公司實習的第一週，就被上司發現桌上的東西太亂了，且有許多是她自己的私人用品。

第三，開會想要發言時，不要像那幾個經理及老員工一樣隨時張嘴，要舉手示意，至少得到隨便一位的允許再發言，尊重公司的秩序，才能贏得其他人的尊重。

聽了我的要求，小梅露出了尷尬的表情。她這時肯定感覺到了自己剛才好高騖遠是多麼可笑。我對她的要求就是先把沒做好的功課補上，等這些基礎的事情做好了，再談其他的也不遲。

不屑於解決小問題，就沒機會解決大問題

無論生活還是工作，其實都是由無數的小事構成的，小事不代表枯燥和重複，也並不是不值得一提的。從無數的小事和細節的處理中，我們能夠以小窺大，發現一個人處理事情的能力，也能考察出他是否腳踏實地，值得信賴。我們的工作不會每天都在處理重大的事情，做出一些重要的決議，大多數時候都是與「小事」為伴的。據一份研究表明，世界五百強中的優秀員工與領導者，從來不認為自己做的很普通的基礎工作就是簡單的小事。

現在剛走出校園的畢業生很多時候都容易犯這樣一個錯誤，即「小事不願做，大事做不了」。但是，不屑於解決這些小問題，那就沒有機會去解決重要的大問題。小事都做不好，誰還會相信你的能力呢？

要想「高成」，必先「低就」

一個高的位置就像一個高的樓層，如果沒有低樓層的支撐，高樓層也根本不會存在，

所以，要想到達一個更高的位置，就必然先從低處做起。想高成，就得先低就。我們邁出的每一小步，都是在為後面到達終點、爬到高處奠定基礎。

特別是對職場新人來說，你要學會去適應一份工作的基本要求，而不是讓工作去適應你的美妙想法。就算跳槽，你也不敢保證自己的下一份工作就能完全符合自己的要求。所以，當你面對一份自己不那麼喜歡、無法很快表現自己能力的工作時，也要負起最基本的責任，從一個個最基本的工作做起，主動去適應，認真對待，放低姿態，努力去做好。

抱怨不如想辦法

我發現員工小宋最近情緒低落，滿公司地抱怨，好像全世界都欠他似的，便叫過來聽一聽他的心聲，問他什麼情況。小宋一開始就把槍口對準了客戶說：「老闆，那個新的專案太難搞了，客戶老是對我雞蛋裡挑骨頭，感覺身體被掏空，我已經堅持不下去了。」

我說：「這好辦，公司有那麼多的老員工，他們經驗老到，找他們取取經啊！」

小宋一聽又調轉槍口說：「他們？哼，不絆我一腳就不錯了。老闆您知道嗎？上次的專案我沒做好，就是因為公司有人在背後捅我刀子。」

我說：「也許你覺得是其他人的問題，但在我看來，說明你沒能力處理好這樣的事情。」

抱怨換來的不是同情，是輕視

我最不欣賞的人，就是那種愛抱怨的人。抱怨不僅會影響自己和周圍人的心情，還會讓我們的時間都花在推卸責任上，使得工作效率低下，同時讓自己整天處於一種不快樂的狀態，影響自己的心理乃至生理的健康。

特別是對於一名剛剛進入職場的新人而言，抱怨對你尤其不利。因為你的職場生涯才剛剛開始，你的才能還沒有得到充分的發揮，更談不上被人發現。所以，任何一家用人單位都不會給你一個很高的待遇，讓你坐到一個很高的職位。你的能力，只有在自己不斷的努力和踏實的工作中才會得到展現。在隨處可見的工作阻礙面前，如果你的選擇不是努力想辦法，而是不斷抱怨，那麼不要說得到公司的重用，就連目前的工作機會能不能保住都很難說。

在倫敦的街頭住著一個四處流浪的人。有一天，一個路過的人看到了他，見這個流浪漢年輕健康，說話也彬彬有禮，像是受過高等教育，於是動了惻隱之心，不忍見他窮困潦倒，就向這位流浪漢詢問是否需要幫助。流浪漢說，自己需要食物、水以及一個住的地方。這位路人為他買了食物，帶他住進了小旅館，並協助他找到了援助機構，請該機構為其找一份工作，還留下一筆錢讓他作為生活費。這等於直接改變了他的人生，為他打開了一個全新的世界。

幾個月過去了，這位路人驚訝地發現，那個人又在街上流浪了。路人非常不解，於是問他：「那些援助機構沒有幫你找工作嗎？」

流浪漢回答：「找了，但這些工作不是清潔工，就是修繕工，不然就是一些跑腿打雜的工作，沒有一個工作是適合我的。我畢業於明星大學，怎麼能做這樣的工作呢？」接下來，流浪漢接著抱怨別人對他的態度有多麼差，他的工作環境是多麼艱苦，自己得到的報酬又是多麼低。

路人打斷了流浪漢的話說：「那麼，你還是繼續做流浪漢吧！」說完便頭也不回地走了。

許多人不願意充滿主動性地去工作，或者很嫌棄自己現在所從事的領域、擔任的職位等，抱怨自己的平台小、待遇低，也對其他人感到不滿。可殊不知，只有「當下的工作」才是你真正施展才華的地方。縱然你是一個天才，如果不在工作中表現出解決問題的能力，也很難被有實力的公司重用，被他人尊重。

多想辦法，而不是怨天尤人

相較於努力工作、從問題中得到提升可以獲得的諸多好處而言，抱怨能讓你得到什麼呢？只會是一事無成而已。你會成為一名氣勢很足的怨漢，卻不會成為一個真正的人才。因為抱怨不會改變你面臨的困境，不會幫你做出一個有益的選擇，不會給你帶來一個良好的人際關係，不會讓你的上司器重你，更不會提高你工作的品質和效率。同時，你還要為自己的抱怨買單。同事輕視你，主管討厭你，不管去哪裡工作，也都做不出成就。

所以，當自己有一天突然想抱怨時，一定要說服自己冷靜下來，先想一想方法，多找對策，而不是本能地把責任推卸給外部環境。

必須明白參加培訓的意義

田祕書拿著下週公司的培訓企劃找我匯報，我發現培訓地點被放到了度假村。田祕書的理由是，度假村現在是淡季，費用有折扣，團體購票可以打五折，而且大家去了還能好好玩玩，放鬆下心情。

我說：「停！培訓內容除了每天三個小時的業務學習外，還有採摘、燒烤、溫泉？我記得我開會的時候說的是業務學習培訓，不是週末組團旅遊吧？」

田祕書狡辯道：「不是您在開會的時候說這次的培訓希望大家當成是一次春遊，充實自己，放鬆心情嗎？」

我說：「公司規劃培訓的目的，是想讓你們學習工作職責以外的知識，我所說的春遊，是要你們把這種學習知識的狀態當作春遊一樣放鬆，不要有負擔，而不是讓你把培訓當成春遊。所以你要重新做一份企劃，如果遊玩項目多了，大家就都以為是春遊了，會嚴重影響培訓效果。但是培訓完成後，晚上你們好好聚一個餐，甚至舉辦螢火晚會也是可以的！」

工作中要利用一切時間把自己變得更優秀，特別是要利用培訓的機會，抓緊為自己的不足之處充電。哈佛大學有一個著名的「兩小時」理論：人的差別在於業餘時間，一個人的命運決定於晚上八點到十點。種瓜得瓜，種豆得豆。有什麼樣的付出，你就會有什麼樣的收穫。尤其當公司有培訓的機會時，一定要抓住這種寶貴的機遇，必須明白參加培訓的重要意義，利用培訓提升自己的工作水準，才能得到老闆的青睞，在工作中取得突破。

第五章

做事可靠，更容易被委以重任

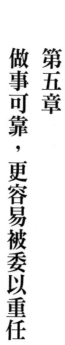

工作要細心

我要小張把公司上次做的內部活動企劃再傳給我一遍，並叮囑他將卡通人物換成真人，小張卻一臉愁容地說他的電腦壞了，資料都沒有，要我再發一份給他。我直接告訴他：「我不確定我這裡是否有，我也不想花時間幫你找，你自己沒備份是你的事，找不到就去重做一份。」小張又說：「我手裡沒素材。」我說：「什麼時候找素材變成老闆的工作了？另外我還要提醒你，保存好自己的工作資料是一名員工的基本素質，如果連已經做好的工作資料都能丟失，你還能做什麼呢？老闆還能相信你有能力做好一件最簡單的工作嗎？」小張滿頭大汗地離開了。細節問題常被人忽視，但發作起來就會要命，特別是日積月累之後，細節問題就會變成一個足以摧毀整個專案甚至讓公司遇到麻煩的大問題。所以我在管理中尤其重視員工的細心程度，只有細心，才能專業，也才能敬業。比如有一次，行政人員為公司買了一批計算機，要每人一個發下去，我要求她在每一個計算機上貼上使用者的名字，貼好了再發。她不解地問：「每個人都有，為什麼要貼名字呢？」我告訴她，只有貼上名字，使用者才會對自己的計算機負責，否則慢慢就會發現有人丟了他的計算機，開始時是一兩個，到最後來就是所有人的計算機都沒了。從丟第一個開始到丟最後一個只是個過程、時間問題。貼上名字以後，就要個人負責，他必須保管好。

個人負責，從小處著手

要細心，就要從小處著手。職場無小事，事事都要盡心。因為沒有誰會天天經歷大事，都是從一個又一個很小的工作中累積成果的。那些每天日理萬機，隨時面臨挑戰和困難經歷大事件的人，在我看來，也只存在於好萊塢大片之中。我很喜歡的一位作家在一次訪談節目中談起自己的創作，他驕傲地說：「五十年了，我每天都堅持寫日記。」他告訴觀眾，他的日記就是他的素材，他的每一部作品都來自他每天寫日記的累積，不間斷地寫日記就是他創作的泉源。正是這些一點一滴累積起來的日記，構成了他的一部部偉大的作品。這也是從小處著手，小事變成大事。

事物都是由一個個的部分組成大整體，大事也是由小事所構成的，腳踏實地地耕耘，才能得到理所當然的收穫。凡事從點滴做起，從小事著手，才是做好大事的根本保障。

第一，要成大事，必拘小節。在處理具體事情的時候，人們的觀點往往是不同的，態度也不一樣。有的人腳踏實地，慢慢耕耘，從身邊的小事做起；還有一些人，他們認為「成大事者，不拘小節」，所以不去理會工作中的小細節，只想在重要的工作中展示自己的才能。他們認為那才是自己人生中真正的機會，是適合自己的舞台。可事實上，機會是留給那些有準備的人的，而不是留給那些小事做不好、只想等待大機遇的人。

職場上任何一件小事可以忽略不管，或者隨意處置。細節決定成敗，要成大事，就必拘小節。凡事要全力以赴，盡職盡責，大機遇才能降臨在你的身上。

第二，精益求精，才能步步到位。由此可見，細節的處理能力對於成就一件大事是多麼的重要！尤其是在處理小事上的態度，一定要敬業、專業，還要踏實細心。我們不僅要學會對每一件小事都認真，還要精益求精地去處理這些大大小小的問題。在一次又一次的重複中，將缺陷率和錯誤率降到最低，將工作做得步步到位，不斷地改進和減少失誤，自身的能力也就越來越優秀。

工作之外的細節，也絲毫不能忽視

一位喜歡攝影的年輕人有一次出去旅遊，遇到了一對同來旅遊的夫婦，三人結伴而行。途中，年輕人為這對夫婦拍了許多照片。當他們向年輕人索要照片以作留念的時候，年輕人說：「這些照片需要做一下後製，效果會更好。」於是這對夫婦等了兩天才拿到照片，他們發現這些照片果然比自己平時拍出來的要更好，不由得讚嘆有加，表示感謝。

半個月後，年輕人接到了這對夫婦打來的電話，原來他們是一家企業的老闆，正準備為自己的產品拍一套商業照片。他們覺得年輕人很合適，便想讓他去試試，看能否成為這次拍攝的主攝影師。他們的理由是：「你在生活中都如此注重細節，不僅對照片很用心，連對陌生人也都做到盡善盡美，你一定是個很優秀的人，相信你對待工作也是如此。」

有時，工作之外的細節處理能力，也是可以影響到自己的工作的。一個在生活中也能注重細節的人，必定是一個十分嚴謹、專業而又敬業，會讓身邊的人感到滿意，也能非常到位地處理好方方面面的事項。這樣的人不僅細心，也很踏實。所有的企業都想擁有這樣的員工。

勿以惡小而為之，勿以善小而不為

小王因為從客戶手裡用成本價幫他母親購買了一套產品被辭退了，部門經理問我：「這點事就開除，會不會太小題大做了？」我說：「你覺得是小題大做，如果小王真對自己的母親有孝心，就應該在正規管道全款購買產品，然後送給她。」

小王這麼做至少犯了四個嚴重的錯誤：

第一，得罪客戶，讓客戶左右為難。客戶如果同意低價賣給小王，便因一套產品暴露了自己公司的底價；如果不賣，大家是合作關係，面子上不好看。

第二，毀壞了公司形象。因為這是變相向客戶索要賄賂。

第三，洩露商業機密。如果小王的家人到處宣傳客戶產品的低價，會對客戶的業績造成傷害。

第四，違法犯罪。索要賄賂和洩露商業機密，嚴格地說可以追究刑事責任。

部門經理又問：「那公司的老李文憑、工作經驗都不合格，年紀大，人也粗魯，都傳說他的薪水也不低，您為什麼還留著他呢？」這是一個好問題，我告訴他，老李雖有上述缺點，但他來面試時正好我在開會，他在外面等了一個小時。在這一個小時的時間裡，他不是坐在椅子上死等，而是做了很多事。他收拾了辦公室的垃圾，換了一桶水，還主動幫助一些同事搬貨，而且把會議室沙發上已經歪了好幾天的墊子扶正。他不僅眼睛裡有工作，心裡也有，並且具有執行力，公司當然要留下這樣的員工。

占小便宜吃大虧

在小王和老李的對比中，我們能看到一個十分淺顯但又重要的道理：當你想透過工作佔便宜時，工作會反過來懲罰你；反之，當你願意為工作付出自己的心血時，工作會給予你十倍的回報。

有個叫梁峰的年輕人剛剛畢業，雖然專業知識很扎實，可是求職之路卻一直不順。沒有辦法，他最後找到了自己的叔叔，請叔叔向一家知名的企業推薦一下自己，看能不能找到一份合適的工作。幾天後，這位叔叔給他回電話，說自己正在和這家企業的老總吃飯，讓他過去見個面，只要表現得體，過了老總這一關，他的工作也就穩妥了。

梁峰高興地前去赴宴，老總問了他幾個專業知識，他都對答如流，表現出了極高的知識水準。老總非常滿意，三個人一起邊吃邊聊。吃完這頓飯，梁峰覺得自己的工作肯定沒有問題了，可卻遲遲沒有得到去上班的通知，他只好打電話問自己的叔叔，對方告訴他一個意外的消息，工作的事情沒有希望了，那位老總不願意聘用他。梁峰愣住了問道：「理由是什麼，吃飯時不是談得很好嗎？」叔叔生氣地說：「你還記得我們喝的那瓶酒嗎？旁邊放著一個贈品打火機，是不是你拿走了？」梁峰說：「是啊，那個打火機並不貴，而且是贈品，沒人會在意的，所以我就拿了。」叔叔說：「問題就出在這裡，老總說你的專業知識還不錯，既不抽菸也很少喝酒，可偏偏對一個打火機這麼有興趣，非要拿走它，說明你是一個愛貪小便宜的人，他不敢用，萬一將來在公司有機會，沒人能保證你不損害公司的利益。」

梁峰犯的錯誤和小王類似，都是事情看著雖小，性質卻很嚴重。企業的管理者當然不會在乎一個打火機或者一件低價的產品，但對一個斤斤計較和愛貪小便宜的人，他們是絕對不歡迎的。當你因惡小而為之時，就會失去一個寶貴的工作機會。

無論多小的事情，都應堅守原則

第一，勿以惡小而為之。生活和工作中有許多「小惡」要小心，比如一些小便宜、違規操作等，後果不嚴重，但對個人的影響往往極壞。好的公司不會容忍這種行為的存在，也不會重用這樣的員工。所以必須嚴格自律，防止自己成為一個在小節上犯錯誤的人。

第二，勿以善小而不為。主動幫同事收拾辦公桌、幫客戶寄文件、減少公司的小成本、為有競爭關係的同事提供工作援助等，都算得上「小善」，許多人不會做，也懶得做，但在管理者眼中這些行為卻是重要的加分項。要提醒自己有時間時不妨伸出手，多為小善，換來的會是意外之喜。

真的確定準備好了嗎？

客戶王總要來公司考察，我安排小輝接機，問他準備好了沒有，並要他再檢查一遍。小輝拍著胸脯說：「老闆，不用檢查了，我都準備好了。午餐在老地方，司機是小張，車裡的汽油加滿了，又加派了一輛車專門裝行李，怕王總出汗，我連紙巾都在車裡放好了。」我問：「帶打火機了嗎？」小輝不解地問：「帶打火機幹嘛？」我說：「王總抽菸。」小輝說：「抽菸的人自己會帶打火機啊。」我反問道：「坐飛機來的人，身上能有打火機嗎？快去準備。」

一個小小的打火機，表現的是我們對細節的準備工作是否到位，是否細心。好員工令人放心，是因為他們能處處到位，不用上司操心。我到許多知名的公司參觀，他們的員工在接待時總是專業而且無微不至，參觀者想到的、想不到的所有事情全在他們的計畫之中，讓人讚嘆佩服。優秀的員工就要具備這種工作細緻入微的能力，不僅表現在為企業的服務中，在自己的事業規劃上也要準備充分，成竹在胸。

完美的結果，取決於細緻的規劃

比如規劃自己的職業生涯，一個人對自己的職業規劃做得越細緻，就越能更快實現自己的目標，為企業做好工作，也為自己的發展奠定堅實的基礎。在初入職場的一到三年內，我們往往會覺得自己做的工作不適合自己，有人對此做過研究：就算一個人再喜歡自己的工作，也免不了無數次地抱怨，後悔當初的決定，想要跳槽甚至轉行。這些都是很正常的。但重要的是，不能在這些抱怨中失去本心，變得粗心大意，甘於平庸。其實，初入職場（剛入公司）的前三年，是一個人鍛煉他的能力、累積資本最為關鍵的黃金三年，在這三年中，我們的每一次改變都會付出巨大的代價，每一個決定也都有可能同時改變自己的命運。

所以，在工作的頭三年中你必須為自己精心規劃好職業發展的每一步，對每一個環節都做好精確的計畫，並養成有備無患的習慣。就像小輝來說，如果他有做規劃的好習慣，就不會在遺漏了打火機的同時還自信滿滿地認為自己已經準備很充分了。小事情表現的是大問題，當你也像他一樣在某一項工作上十分有自信時，也要再自問一遍：「我真的確定準備好了嗎？」

清楚自己要做什麼，然後真的準備好

清楚了自己每一步要做什麼，才有了行動的指南，有了前進的動力，那些工作時不開心、行動力不足、盲目去跳槽的人最根本的原因是他對這份工作沒有真的準備好，職業目標不清晰，沒有靜下心來想一想究竟如何做好這份工作。沒有目標，就沒有追求。沒有追求，他在工作中就會如同一潭死水，對細節沒有興趣，便常出現差錯和疏漏。

我們在工作中的每一個舉動、每一次選擇，都是在塑造「自己」這個品牌，每走一步都應該離自己的目標更近。因此，我們需要耐心地研究工作，清楚自己要做什麼，然後用充足的準備實現一個完美的結果。

不是老闆要求多，是你自己不用心

有一段時間小輝工作時很不用心，除了接待客戶準備不周外，連列印文件這樣的小事也常出差錯，列印完了不釘起來，釘起來後又不放到資料夾中，上司推他一步，他就向前邁上一步，總是不能一次把該做的事做完，最後還嫌自己的上司要求太多了。有一次他抱怨說：「老闆，您能一次把該做的都告訴我嗎？」我嚴肅地批評他：「正因為你一次次都做不好，我才不得不一次次地教你！再這麼不用心，公司就得找人代替你了！」

小問題都解決不了，又怎能承擔重任？

員工小B要辭職，我問他理由，他一臉憂鬱地說，他大學四年成績優秀，向來認為自己是一個可以做大事的人，可是現在卻只能做一個小助理，天天貼發票、報銷、到財務部走流程，做這些瑣碎的事毫無成就感，他感覺自己快被折磨瘋了。

我問他：「你貼了半年的發票，總結出什麼沒有？」

他答道：「總結什麼啊？這種小事，只要不出錯不就行了嗎？」

我告訴他，有一位「大咖」剛入行時跟他一樣也是一個小助理，每天的工作也是走走流程，貼貼票據。貼了幾個月的票據後，他做了一個表格，將所有的資料按照時間、金額、消費場所、聯絡人等記錄下來。起初的目的很簡單，只是想在財務上有據可循，萬一上司來詢問，他也會有準確的資料向上回饋。漸漸地他發現了一些規律，比如哪一類的商務活動經常在什麼樣的場合進行、預算大概是多少、總經理的公共關係、常規和非常規的處理方式等，這些資訊都十分重要。後來他的上司便發現，安排給他的工作總能處理得妥當到位，甚至一些問題主管並不知道，他已經及時準確處理完了。這種情況下，主管把越來越多更加重要的工作交給他。再到後來，他就成了該公司的中堅力量，在這個行業也有了很大的名氣。

小B聽完後放棄了辭職的想法，回去安心做事了。我講這個故事的目的並不是為了讓他專心地貼票據，而是在告訴他一條在任何領域都適用的成功之道——那些能承擔大責任、做大事的人，無不是從解決小問題開始的。一個人假如連解決小問題的耐心都沒有，他也不可能把大事做好。耐心和專注，向來是成功的最大助力！

敷衍工作就是在敷衍你的前途

你有沒有試過問自己：「我上班是為了什麼？」為了薪水？為了前途？為了打發無聊

的時光？我們不想探討人們選擇一份工作的目的，我們要探討的是——對待工作的態度在多大程度上影響人的工作結果。

如果你連自己上班的目的都不知道，那麼你只會像一台機器一樣，每天固定地上班下班，缺乏對工作的思考和創新，沉不下心來，工作做不到環形，對上司沒有交代，自己的心理也不平衡。如果你為了薪水，那麼追求高薪不就是你的目的嗎？為了前途而努力的工作，升職不就是你的目的嗎？可為了打發無聊的時光，卻每天像一個機器人一樣工作，不就與自己的初衷互相違背了嗎？

無論抱有什麼目的工作，都一定不能馬虎和敷衍，一旦你開始機械地工作，態度變得敷衍，你敷衍的不僅是工作，更是自己的前途，試想一下，如果你在工作中只是被動和麻木地參與，渾渾噩噩地度日，純粹是為了工作而工作，不再對工作抱有熱情，不再向工作注入自己的智慧，不再有自信，也不再關心工作的發展，對大大小小的任務敷衍了事。長此以往，公司自然會蒙受損失，而你也慢慢地失去了專業能力。公司還有什麼理由重用甚至留用你呢？

做事要有耐心

小宋向我請教問題，他最近遇到了一個非常刁蠻的客戶，合約拖了三四個月仍遲遲不跟他簽約。小宋說，客戶先提出產品的設計圖不符合要求，等改完了卻覺得之前的那個設計圖還不錯，又重新改回來，單是產品的設計圖，小宋就改了一個多月。這個環節好不容易過關了，客戶又認為產品的品質不符合他的要求，小宋又不停地跟廠商溝通和協調，夾在廠商跟客戶中間十分煎熬。等產品的品質滿足了要求，客戶又對合約不滿意，而且脾氣暴躁，到處挑毛病。小宋感覺再這樣下去，自己就快崩潰了。

我聽完後告訴他：「你應該慶幸，而不是抱怨，因為你快勝利了！」

小宋很高興地說：「真的嗎？您看這單生意能拿下來？」我搖頭說：「我說你快勝利了，不是指搞定這個生意，是你在這個過程中取得了進步，你正在破繭，即將成蝶。一單生意簽不下來沒關係，未來你有的是機會，只要保持這種耐心，就一定能簽到比這更大的合約。」

耐心，就是我表揚小宋的原因。客戶很難纏，我們都知道；客戶喜歡刁難人，我們也清楚。但要做好工作，就得讓客戶滿意。要讓客戶滿意，就得耐心而且細心，不管客戶出多少難題，都要不卑不亢，在力所能及的範圍內予以解決。這是一個服務客戶的過程，也是一個提升自我的好機會。

如何在做事時用耐心取得成效？

第一，明白對方的利益點。

比如，我們和客戶、同事之間往往會存在著工作和朋友兩種關係。當利益方面發生衝突時，溝通就會變得複雜，對方想讓你付出更多，不斷找你「麻煩」，很容易失去耐心，爆發衝突。這時你首先要明白的是，你們之間的問題出在朋友層面還是工作層面，對方的利益需求點在什麼地方。搞清了這個問題，心中就有了底氣，便能從容地應對。

第二，適當控制自己的情緒。不管和誰進行工作交流，都要注意控制自己的情緒，不能在對方的刺激下隨性而為。一個失去耐性的人是不適合承擔重要工作的，優秀的人才向來都擁有強大的自制力。所以必須養成控制情緒的習慣，在客戶和棘手的工作面前做到寵辱不驚，展現自己出色的工作能力，贏得客戶的認同和老闆的讚賞。

做好眼前的每一件工作

古希臘的哲學家柏拉圖有一位得意弟子，他聰明且很有潛力，視角也很獨特，他一直希望自己能夠成為和老師一樣偉大的哲學家，但他不願意多下功夫，他認為自己的聰明能敵過他人的努力。

柏拉圖認為他還需要更多的生活歷練，於是告訴他：「人的生活必然要有偉大的理想來指引，但只有理想而不願意腳踏實地，那也不算完美。」這位學生知道老師是想勸自己務實一點，可他認為自己確實比別人聰明，他可以輕易地解決任何問題，所以成功也比別人更快。有一次，柏拉圖和這位弟子一同出門，見前面有一個很大的土坑，周圍還長滿了雜草，平常的人只要稍加注意就會繞過土坑，但柏拉圖知道自己的學生趕路時不愛看路，於是他告訴學生前面不遠的一個路標是他們的目標，他要和學生進行一次行走比賽。

學生欣然答應，很快便走到了老師的前面，柏拉圖在後面不緊不慢地跟著他，眼看離土坑越來越近，便提醒他：「小心你腳下的路。」學生卻不以為然，笑嘻嘻地說：「老師，你才該提高自己的速度，我已經比你更接近目標了。」

話音未落，柏拉圖就聽到「啊」的一聲慘叫，自己的得意弟子掉進了土坑，柏拉圖把他拉上來，笑著問：「現在你再看看，誰會先到達終點呢？」

聰明是好事，但我們不能把希望都寄託在聰明上，小心走好腳下的每一步才是適合於大部分人的成功模式。

剛來公司半年的小超敲開我的辦公室，問我：「老闆，我想請教個能迅速升職的辦法，有嗎？」

我說：「沒有。」

他又問：「那我請教個迅速加薪的辦法，有嗎？」

我說：「沒有。」

他不死心，又部：「那我請教個能迅速熟悉業務流程的辦法，有嗎？」

我搖搖頭：「還是沒有。」

小超一臉失望：「那馬雲、劉強東、王健林是怎麼做出來的？」

我說：「書店裡很多書在寫他們是怎麼成功的，你可以買來看看，但我告訴你，如果照著他們的方法做，你一定死得特別慘！對你來說，認認真真、兢兢業業、本本分分、踏踏實實地做好眼前的每一項工作，才是最穩當、最有效的辦法。」

沒人不想一夜暴富，也沒人不想在公司青雲直上，短時間內便升職加薪，成為老闆的紅人，獲得事業的成功。但成功不是天上掉餡餅，也不是只蓋一個漂亮房頂就可以了，而是要從打地基、一磚一磚地砌牆開始。不腳踏實地地做好眼前的每一件工作，即便偶有成就，也不是長久的。成功沒有捷徑，唯有步步前行，方能達到目標。

貴在堅持

沒過多久，小超又有問題了。我發現他上班以來每天都在堅持寫的工作筆記最近突然停了，便問他怎麼回事。小超答道：「我只是覺得一直做工作筆記沒什麼意思，天天寫的東西都一樣，便有點煩了，不想再寫。」

我告訴他，若干年後，你也許成功，也許失敗，那是不能把握的。沒人能完全決定自己未來的成就，但如果你不認真對待的話，特別是連一件容易的小事都堅持不下去，將來就不知道自己為什麼成功、為什麼失敗。堅持寫筆記，既可以記下蕩氣回腸的成功的故事，也可以從千迴百轉的失敗的故事中收穫教訓，以便未來避開這些陷阱。

小超點點頭，當天便恢復了寫工作筆記的習慣。

即使是小小的工作筆記，也要養成堅持的習慣

關於工作筆記，有一次田祕書來找我，他很痛苦地說：「老闆，我突然發現，我做的筆記幾乎從來沒看過，我突然懷疑做筆記的必要性了。而且寫筆記這事看著簡單，天天寫就成了一種折磨，太考驗人的定力了，簡直就像受刑。我能不能停下來？」

我說：「第一，做筆記本身就是對工作加深一遍印象。第二，你不是從來沒看過，只是幾乎沒看過，如果有什麼具體數據、事件、時間節點等重要消息需要查詢的時候，可以翻閱筆記查看重點，從這些細節的紀錄中你能檢查得失，糾正錯誤，以防未來重犯。所以，筆記是什麼呢？是你可能一直用不上，但想用一下的時候卻能發揮關鍵的作用！」

我們都承認一個事實：工作令人心煩。工作中瑣碎的事情很多，考驗人的耐力，因此要有一種工具對我們的工作發揮輔助作用，筆記就是這種CP值極高的工具。有些重要的事件要翻筆記查詢，有些失敗的教訓要從筆記中吸取和總結。單靠記憶力是做不到這一點的。

寫好工作筆記，就是每天早上安排一天的工作，下班前再整理自己的工作，便能夠給未來的工作做一個良好的參照。這是一個不起眼、可作用無比重大的習慣，一定要堅持下

去，因為它能讓一個頭腦不怎麼聰慧的人也能在時間的賽跑中取得令人驚嘆的成功。

磨難是鍛煉的好機會

我們眼中所看到的種種苦難，都能強化人的意志，只要能沉下心堅持下去。司馬遷受了宮刑仍然堅持寫完《史記》，一部「史家之絕唱」從此誕生；玄奘經過一次次的苦難征程，不遠萬里將濟世救人、洗滌心靈的經書自天竺帶回唐朝，成就了自己一世英名，也將寶貴的佛經帶到了中原；馬克思生活潦倒，常常靠朋友的資助度日，經歷了無數的苦難，終究在哲學領域佔領了一席之地，並且成為思想領袖；貝多芬雙耳失聰、窮困潦倒時，創作出了最偉大的樂章，在音樂史上留下了不朽的傳奇。諸如此類的例子不計其數，都表明了在困境之中堅持的重要性。

讓我們在做事的過程中經受考驗和磨礪並從中受益的，絕對不是舒適與安逸的環境，而是一件又一件的繁瑣小事，越是不容易做的事，就越要堅持做好，鍛煉自己的責任心，也從中激勵自己的潛能。

第一，折磨自己，方獲重生。

對於一個剛進入職場的年輕人來說，所有的阻礙和困難其實都是有益的。它能折磨你，也能提升你，好比先「死亡」然後獲得「重生」，讓你擁有百折不撓的韌勁。在工作中先習慣了折磨自己，才能擔當大任，而不是一味地只想在順境中做大事要事。由著自己的性子來，做什麼都很難成功。

第二，從細節中修習心性，從煎熬中沉澱意志。

我推崇工作筆記的一個重要的原因，就是寫筆記是一件需要在細節中自我檢省、自我發現的工作。不斷地重複這個過程，我們的心性可以得到鍛造，意志也能從這個長期的煎熬中得以沉澱和強大，最終轉化為積極的力量，對工作發揮巨大的幫助。

責任！責任！

客戶王總放在公司準備營運的產品樣品不見了，負責人小秦向我匯報，想再跟王總要一套，好拿著樣品去找客戶談專案。我說：「不可以！樣品丟失是你的責任，你要照價賠償，自己去正規銷售管道買一套，拿著樣品去找客戶談事情。談完了再把樣品交回到公司。」

小秦很吃驚地問：「公司的樣品，為什麼要我個人花錢？」

我說：「樣品是你丟的，這是你的責任，當然由你來賠償。」

小秦眼珠子一轉，又問：「那我也可以找客戶拿一個成本價嘛，為什麼非要在正規管道拿全額呢？」

我嚴厲地批評他：「第一，這是你的錯誤，為什麼讓客戶幫你背！第二，你怎麼知道客戶成本價的？誰洩露商業機密給你的？你知道什麼後果嗎？快去自己買。」

沒有能力不可怕，沒有責任心最可怕

說到「責任心」這個詞，不少人心中一凜，老闆要我做什麼我就做什麼，從不遲到、早退，對工作也不抱怨，難道這不是責任心嗎？他們說對了一半，這是責任心的表現，但只是達到了及格線。責任心強的員工不僅能完成上司交代的基本任務，對待工作還有深度挖掘的精神，細心而且高效。

有一天小宋過來交面試人員的履歷，我問他一共有幾份，他答不出來，問他幾男幾女，他也答不出來，問他這些求職人員的學歷是否都合格，面試哪個部門和哪個崗位，他還是答不出來，統統只有一個回答：「老闆，我還沒仔細看。」

作為公司的招聘負責人，小宋的行為就是不負責任的表現。能力是一方面，責任心才是最關鍵的因素。我常對員工說，能力可以通過學習、培訓、鍛煉來提高，有了經驗就有了能力，但責任心是必須靠自己的，公司不可能替你背鍋。

沒有能力不可怕，沒有責任心最可怕。比如戀愛結婚，我們常常會對另一半有這樣一個期待，做到了就是有責任心。在職場，公司用人和管理時也是如此，員工希望找到一個負責任的公司，公司最想要的也是有責任心的員工。

家庭中的不負責任表現為這個人不為自己的家做一點貢獻，解決一點問題，有時反而還要惹上是非；工作中也是如此，一個不負責任的員工，具體的表現便是馬虎地對待工作，出了問題沒有擔當，遇到事情便推三阻四。

你能擔多大的責任，就值得擁有多高的職位

很久之前，我參加過一次高高級企業培訓課程，講課的是一位世界五百強企業的副總裁，他在會上反覆強調的就是一句話：「在工作中你能擔多大的責任，就值得擁有多高的職位。」

責任心是一種使命感的表現，是人們從心底發生的一種自願和自覺，一個有責任心的員工會主動地為企業解決各種問題，他們心中想的是——公司的事情我有責任去管，也有義務去處理，我的行為不能違背公司的利益。

一個人的責任心決定了他對公司的忠誠度，也決定了他解決問題的能力，最後又決定了他在公司中的位置。

不負責任的員工，就意味著他不會把公司的事情當一回事，不會主動維護公司的利益。這樣的員工，公司沒有理由留下他們，要嘛就會被上司安排一個可有可無打雜的職位，要嘛就會被公司「請」出門外。

第一，公司沒有與我無關的事。

那些有責任心的人，不僅盡職盡責地做好自己分內的工作，而且在他們的意識裡面，

公司裡沒有與自己無關的事。一切與公司利益有關的事情，他們都會在必要的時候插手去處理，做好細節，善始善終；一切有損公司利益的事情，他們也會在必要的時候去阻止，主動解決各種各樣的麻煩。

第二，對待工作要統籌兼顧，考慮周全。

從自己的利益出發，也許只是對自己負責的一種表現，並不代表其對公司負責，有責任心的員工會對工作統籌兼顧，以「集體利益大於自我利益」的態度去思考問題和解決問題。這麼做，很容易就能得到老闆和同事的認可。

老闆的選擇，是員工決定的

員工作為執行者，做事情就要做細。小宋的粗心大意不只一次地被我批評。有一次他負責接待客戶到公司拜訪的任務，任務安排兩天後我問他進度，他向我匯報道：「聯繫過了，客戶可能下週過來。」問他究竟週幾，他不知道；問他坐飛機還是高鐵，他也不知道，總之一問三不知。然後我把他的副手小鄭叫進來，小鄭說：「客戶是下週週三下午三點的飛機，晚上六點鐘到，他們總共五個人，由王經理帶隊，我們公司會派人到機場迎接，客戶計畫考察兩天時間，具體行程到了以後雙方商榷。」

我說：「好，從現在開始，小宋你聽小鄭指揮，要服從他的管理。如果再出現這種工作不到位的情況，你就自己寫辭職信。」

為什麼有的員工不受公司重用？老闆為什麼選擇辭退一名員工？難道管理層跟員工有仇嗎？顯然不是。老闆在管理上做出的每一個選擇，往往是由員工的行為決定的。比如升職、加薪，並非老闆突然心血來潮，而是有嚴謹的依據。你把工作做得細，做得讓公司放心，就能獲得很好的發展空間；你做不到，就只能接受懲罰。

有兩個年輕人，約翰和大衛，他們同時進入了一家超市工作，兩人都是從基層開始工作。不久之後，約翰受到了經理的青睞，一路高升，直至部門經理。這引起了依然在基層工作的大衛的不滿，於是他找到經理想要一個說法，為什麼不提拔自己這個一直辛辛苦苦工作的員工，而對約翰這種愛吹牛的人一再提拔呢？

經理耐心地聽完大衛的控訴，然後告訴他：「小夥子，你是很勤勞，這是我們大家都看到的，那麼請你現在立刻到市集去，看看今天大家都在賣什麼？」

大衛聽完經理的話，很快去了市集。回來後他告訴經理：「市集上只有一位農民，拉著一車的馬鈴薯在賣。」經理接著問：「一車大概有多少袋？一共多少公斤呢？」聽到這個問題，大衛不得不再次去市集，回來告訴了答案。

經理又問他：「這些馬鈴薯值多少錢呢？」大衛聽到後，不得不轉身又去集市。經理說：「停，你先休息一會，讓我們看看約翰會怎麼來處理這件事。」說完找來約翰，吩咐他：「你立刻去市集上看一看，今天有賣些什麼？」

很快約翰便從集市上回來了，他向經理匯報道：「集市上只有一位農民在賣馬鈴薯，一共四十袋，價錢很公道，品質也很好，所以我帶了幾個回來，讓你過目。這個農民告訴我，過陣子他還會帶一些番茄來賣，他報的價錢也很便宜，我們可以進一些貨，所以，我把番茄的樣品也帶了幾個回來。現在這位農民正在外面，等著你的回話呢。」

經理看了眼滿臉通紅的大衛說：「瞧，這就是約翰獲得晉升的原因。」

故事很簡單，卻發人深省。效率永遠大於勞力，要想讓工作有價值，首先要把事情做細。假如你忙忙碌碌了一整天，累得就像脫水的驢子一樣，做出的工作卻不敵別人一個小時的貢獻，你怎麼能得到老闆的青睞呢？只聽話是不夠的，還要利用有限的時間做出最大的貢獻，提供超額的價值。

企業當然注重員工的工作態度，這決定了你是否是一名合格的好員工。但在此基礎上，企業更在乎的是一個人的工作效率，如果你在同樣的時間能較之別人做出更多、更好的工作，就意味著你的能力更強、效率更高，理所當然會獲得比別人更優質的薪資與職位的回報。

第六章

沒有最好的，只有最對的

執行命令

我安排小輝去租一輛捷達車，準備一小時後到機場接客戶公司的王總。小輝想了想說：「老大，租捷達幹嘛，開公司的賓士去不就行了嗎？」我重複命令：「租一輛捷達，一小時後機場接王總！」小輝還沒意識到，繼續提建議：「為什麼要租捷達，賓士或寶馬既有面子，又有誠意，而且省事，再說……」我提高聲調說：「那你自掏腰包吧，公司支持你。」小輝一聽，臉頓時綠了。

執行比想法重要

對於一支優秀的團隊而言，決策力、執行力、解決力這三種力都非常重要，它們也是一個環形系統中的三個重要組成部分。決策力是一個人在關鍵的時刻做出正確判斷和選擇的一種能力，也是管理者發起命令的能力，它造成的影響是最大的，真正地牽一髮而動全身。因此決策能力經常作為一個領導者必須具備的基本能力進行考核，是判斷一個人是否具有管理能力的基礎因素。

不過，最重要的還是員工的執行力。執行力近年來已經成為全球最為流行的管理話題，企業中的執行力缺乏已經成為一個普遍的問題，團隊執行力的缺乏原因是什麼？經常因為上、中、下級之間缺乏有效的溝通，無法形成一個完整的環形，管理制度成為一種無用的擺設，哪怕有了一個好的決策，發起了一個好的專案或任務，也不太可能得到一個好的效果。簡單一句話：員工的想法與管理者的命令有衝突，決策常常執行不下去。

行動力是「解決力」的基礎

在管理中，行動勝過千言萬語。員工的解決力是基於行動產生，而不是源自對上司命令的質疑。服從很重要，員工首先要有行動力，然後才有解決力。有了解決力，環形思維才有發揮作用的機會。就拿小輝來說，他的想法可能也不錯，但那建立在他是管理者的基礎上，在執行力不足的情況，他的想法再好也沒有價值，因為他無法給上司回饋一個高效而有力的結果，沒有執行既定的解決方案，就等於什麼都沒做。

工作要主動

我把小龍叫進辦公室，詢問他和小六與王總這幾天洽談業務的進展，小龍這麼回覆我：「老闆，我已經傳微信給王總了，他一直沒回應，我感覺王總對我們的專案不感興趣，毫不在意，我認為就算達成合作，也不會成功。」你有沒有遇到過這樣的下屬？他們永遠是消極的態度：我在等客戶回應；我在等同事支援；我在等公司表態；我在等市場機會……諸如此類，你看不到他們主動地思考對策、行動起來爭取好的結果。他們的表現好像是：我已經盡力了，可事實就這樣，我能怎麼辦呢？然後還希望上司體諒他的辛苦。因此我對小龍說：「知道了，這個專案我就全權交給你手下的小六來做。」我決定讓他出局。

被動等待，是消極工作的表現

小龍很不能理解，於是我告訴他：「在我沒問你之前，小六來找我匯報了一下，他感覺到了你想放棄的想法，他做了個計畫，計畫跟王總及身邊各四個部門經理進行電話溝通，再出差一次，跟包括王總在內的兩個人進行當面溝通。他跟我要了一份公司報價授權幅度，確定了招待標準，最後他計畫在十個工作日內拿下王總。你怎麼看？」小龍臉紅了，覺得自己的手下有兩下子，工作態度比自己好，方法也比自己多。

這種被動的等待在職場中很常見，我們時時刻刻會碰到身邊的人以「事來找我，我就做、事不找我，我就等」的消極態度應付上司的命令和公司的決策。遇到點困難，他們就停下腳步，把困難當成了護身符，很少主動想辦法解決。這是缺乏行動力的典型表現，需要管理者警惕。

主動尋找機會，才能做出更好的成果

在環形思維中，主動是一個與效率息息相關的因素，是一種可以讓人變得可靠、讓工作變得高效的好品質。在工作中如果你默默地做，靜靜地等，就會讓自己一直處於一種被動的位置，許多人就這樣悄無聲息地做了一輩子，終生碌碌無為，沒什麼亮眼的表現，也改變不了自己平庸的命運。也許你的能力早就能勝任比自己現在職位高出許多的工作，但因為沒有抓住機會，只能原地踏步。

第一，機會需要主動創造，也在主動的工作中開花結果。要讓主管發現你，讓上司看到你想要去做某件事情的意願和決心，才能在激烈的競爭中獲得更多的發展。小龍對專案的態度無法讓我看到他要把事情做好的決心，小六卻表現出了強烈想將工作做好的意願，也爭取時間創造了機會，所以小六得以升職。

第二，主動還意味著對現狀不要滿足，要繼續向上攀升。就算你現在有了一份很不錯的工作，做出的成績很好，也不該就此滿足，應發揮主觀能動性，激發更強的行動力，爭取做更重要的工作，擔任更好的職位，解決更困難的問題，處理那些大家覺得不好做的任務，為對公司提供更大的價值。

老闆的意見不用解釋，做就是了！

員工小茗興奮地找我匯報：「老闆，小輝租了捷達接到王總了。可是我想知道，為什麼要到外面租捷達，不用我們公司的賓士車呢？小輝提的想法滿好的啊，您為什麼不接受他的建議呢？」我跟她說，王總剛投資我們公司，是第一次來考察，公司不能給王總留下「拿了錢去買豪車而不做正事」的壞印象。小茗懂了，但是又問：「既然如此，您為什麼不告訴小輝呢？」我說：「老闆的意見是不需要解釋的，員工去執行就好！」

凡事無論對錯，態度錯了皆輸

上司吩咐的事情，員工去做就對了，不是自己該做的，就不要問老闆。這首先是態度問題，其次才是能力問題。不管你能力強不強，只要態度錯了，所有的事情就都錯了。態度不端正，在管理者看來什麼事都做不好。

公司業務多，但是人少，所以工作吃緊。我跟宋經理說：「你的部門缺一個銷售業務拓展管道，要不要招聘一個？」宋經理一聽很高興，連忙說：「要要要，老闆，我也要找您說這件事呢。」我說那就好，趕緊招聘吧，這時宋經理又問了：「老闆，您看這個管道拓展有什麼招聘要求呢？」

聽到這樣的問題，管理者都會很失望，下屬的部門需要招聘，由上司提出來已經是下屬的失職了，這時還要讓上司擬定招聘要求，說明宋經理的工作態度和行動力均出了問題。所以我對他說：「我準備招一個明白整個部門所有崗位招聘要求的人，然後讓他整理招聘要求，並且重新考量部門裡面所有人員是否符合要求，包括對你也重新考核！」

少問多做，行事才算機敏

尼爾的父親是一位漁民，有一次尼爾跟隨父親出海捕魚，看到大海，他發出了感慨：「海是多麼偉大啊，它滋養了那麼多的生靈。」父親看著自己的孩子，問他：「你知道海為什麼那麼偉大嗎？」尼爾不敢貿然地回答，接著父親答道：「因為海的位置低，它才能裝那麼多的水。」

關鍵就是這句：位置低。擺正了位置，才能容納萬物，才懂得少問多做的道理。現在許多年輕人和新入職場的員工擺不正自己的位置，沒有行動力，還喜歡為上司添麻煩。用一句俗話說，就是「胸有千言萬語，腳下實無一物」。

第一，心可以在高處，手一定要在低處。任何事情光靠想是沒有作用的，只有落到實處才能創造出一定的價值，所以，一定要把自己的手放在低處，擁有遠大的志向，卻又不好高騖遠，這是成功者的一個必備條件。

第二，主動出擊，不要等！因為做了，才有結果。做都不做，怎麼會有結果呢？無論行動的壓力有多大，都要果斷實施正確的計畫，將位置擺得低一些，行動更快一些，我們的進步才能更明顯一些。

分外事也是加分項

牛經理負責人事部門的工作，一向看人準。他向我提交了這一期實習生的評估報告，上面沒有小賈的名字。我印象中小賈的學歷、工作能力和態度方面都不錯，還以為一定能留下，沒想到被牛經理淘汰了。

「這個人表現不錯，為什麼沒留用呢？」牛經理解釋說，小賈在工作上斤斤計較，部門上次加班需要臨時抽調幾個實習生幫忙，他是唯一一個拒絕並抱怨的人。他拒絕做分外事，並不會讓他被否定，但管理者會因為他只做分內事而不信任這個人。因此，小賈有權利拒絕分外事，但他的上司也有權利拒絕他。

幫忙同事是分外的工作，不在公司強制要求的範圍內。但如果員工一點分外事都不做，保持一種冷眼旁觀的態度，在上司眼中就沒有了額外的加分。就是說，「樂於助人」在不影響自己工作的前提下絕對是深受上司欣賞的加分選項。

不要只顧眼前的利益

以前我看過一個教育類的動畫短片，說有一位老人非常喜歡猴子，所以他自己就養了很多的猴子。有一年地裡收成不好，產出的糧食有限，老人就對猴子說：「現在糧食不夠，必須節約著吃，現在每天早上吃三分之一的量，晚上再吃三分之二的量，你們願意嗎？」

猴子們聽了很生氣，說：「早上吃得太少了，你怎麼可以這樣！」

老人說：「那就早上吃三分之二的量，晚上吃三分之一的量，怎麼樣？」

猴子們聽了一算，覺得早上多了一顆，還以為自己占了便宜，於是高興地接受了。但事實是老人給猴子的糧食總數並沒有改變，猴子的行為是一種只顧眼前利益的表現，它們不看長遠，是比較自私的心理。等糧食吃光了，它們就會受到這種短視行為的懲罰。

小賈不想做分外事的行為也是這種心理的表現：該做的拚命做，但不屬於自己的工作就一點不做。他雖然會成為一個能做好本職工作的出色員工，可在上司眼中，這僅是剛達到了及格線而已。

立足長遠，主動參與

對眼前的利益錙銖必較，不想多出一分力，是很難在職場上獲得成功的。企業願意提拔那些主動參與工作、幫助同事的員工，這樣的人才是中堅力量，是未來潛在的精英，能承擔更大的重任。因此，做事情一定要有一個長遠的計畫和廣闊的視野，做好自己的事的同時，也要拿出餘力幫助其他人。這也是行動力的重要組成部分。

不怕犯錯

我要小A把一份資料的最終版本列印十份傳給投資方看，小A一邊說好，一邊提自己的建議：「老闆，我昨天給您看的那個文件封面很氣派，也不貴，要不要換上試試？」

「可以。」

小A又問：「還有，這份文件沒有頁碼，我覺得加上更好，您覺得行嗎？」

「沒問題。」

小A接著問：「還有，我覺得純文字版本的兩頁用公司的印表機比外面的彩色印刷節約一些成本，我保證紙張品質一樣，裝訂工作我來解決，您看行嗎？」

「行。」我表示同意，同時提醒她：「你已經進步了很多，有些事情可以嘗試著勇敢一點，下次不用匯報，直接當家做主去辦了就好，我會看得到你的進步的。」

小A擔心地問：「可萬一辦得不夠好呢？」

我耐心地告訴她，這沒關係，只要問題不嚴重，做錯了大不了受一頓批評，但進步和提升自我的機會還是要把握的。在小A的身上我看到了很不錯的主動思考工作的潛質，她希望把事情做得更好，但是尚欠缺主動行動的精神。原因是：

動。

第一，她怕犯錯，因此雖然有創造性的想法，但必須問清了老闆的意圖後才敢採取行動。

第二，有過於死板的遵守規矩的心理，比如遵守以前的慣例、不敢突破傳統等。

這兩點在大部分企業雇員的身上都有表現，甚至是如今非常普遍的職場生態——人們為了不失去工作而選擇保守，寧可無功，也不想有過。但對管理者而言，一名出色的員工在工作上既要主動，也要敢於嘗試，不能害怕犯錯。老闆不希望員工事事請示，更不希望他們過於小心地循規蹈矩。

聽清指令

我簽完一份文件，交到小李的手中，要他將新的三個業務的企劃書拿給我。小李驚訝地問：「有新的業務嗎？我不知道啊，我現在去問問。」五分鐘後他回來說：「老闆，最近公司在談三個新業務，分別是機器人、茶葉和蜂蜜。」我說：「企劃書呢？」小李滿臉的問號，突然醒悟過來，一拍腦袋，又跑了回去。

等他把企劃書拿過來，我嚴肅地告訴他：「下次再有這樣的表現，你就等著降級吧。下屬最重要的素質是什麼？不是問東問西，而是執行上司命令的能力和效率。把工作執行好的前提是什麼？是先聽清上司要你做什麼。連上司的指令都聽不清楚，哪家公司願意用你？」

想執行到位，就要先領會到位

許多人的執行意識很不錯，工作主動性很強，但卻經常會錯意，任務執行起來便南轅北轍。上司要他向東，他聽成了往西，結果等於什麼都沒做。管理學中有一個原則叫「精準領會，精細執行」，專門用於描述領會與執行的關係。

精準領會——公司安排了什麼任務，上司要你做什麼。必須到位而且精準，明確理解上級的意圖，而不是有所偏差。比如，我的指令是要小李把企劃書拿過來，不能領會成「向我匯報正在開展的新業務的名稱」。

精細執行——執行不僅要到位，而且要精準地到位。即在時間、品質、數量這三個要素上，都要執行得分毫不差，挑不出任何毛病，通俗地說就是「又快又好」。如果上司要你去拿三份企劃書過來，你只拿了兩份，或者半小時後才拿回來，這便是執行得不精細。

思維不要太跳躍

如何才能做到精準領會、精準執行？拿小李來說，他的問題出在自己想得太多，腦袋太活躍。主管讓他去做一件事，他想到的是與這件事相關的其他問題，而不是馬上執行主管的指示。在我印象中，很多從事創意工作的人均有這種思維習慣，他們對上司的要求有天然的對抗思維，有強烈的自主意識，缺乏快速行動的執行力。要糾正這個問題，就要在執行時建立一種本能反應——先執行，再提問。就是說，上司對你提了一個要求，只要在你的職責範圍內，就不要思前想後，馬上執行。等執行完了，若有疑問再與上司探討。完成一個環形，再開始另一個環形。

對盤才是好

小郝拿著公司與客戶劉總的草約來找我，我安排他將合約交給小宋，讓小宋次日送過去給劉總。小郝借機打小報告，說：「老闆，我覺得小宋有時說話太過了，昨天跟劉總吃飯的時候您也看到了，他跟劉總又是拍桌子又是開黃腔。這有點影響公司形象啊！」我立刻糾正道：「這叫懂得掌握方法，對症下藥！劉總就是那樣的人，所以小宋不是過分，是對盤。比方說你，明星大學畢業，英語說得比中文都流暢，但不能對誰都使用你最擅長的語言啊，和客戶打交道要使用對方擅長的語言才對，是不是？」

為什麼小劉這樣的員工很受上司的喜歡呢？因為他們不僅有很強的行動力，還明白用最恰當的方法把事情做好，也就是有強大的信念和正確的方法。在環形思維中，執行不是一個孤立的動作，它包括成功完成一項任務的各種因素，比如理解力、行動力、決策力和務實能力等，對一個人的綜合素質有著很高的要求。

聽指揮，事情還要做到位

社會上有不少這樣的人，他們只管上班而不管貢獻，他們只是接受指令而不顧後果，他們往往得過且過，對工作應付了事。他們也常常無法在規定的時間完成任務，經常馬虎大意，對領導者搪塞敷衍。看起來是聽話，可結果做不好。這些都是事情做不到位的表現。

人活著是為了什麼？或者說人在企業中如何做才是及格呢？其實就是要為企業的發展做出貢獻，要用正確的結果說話。上面所說的這種人，顯然不能為公司、上司帶來什麼貢獻。光聽指揮是沒用的，還要在規定的時間內拿出優質的成果，讓公司受益，讓上司放心。成功不是埋頭苦幹，是要講究方法地把工作做得更完美。

清楚目標，行動要有針對性

現在很多人看起來每天都很忙，他們似乎有做不完的事情。但是忙碌了半天，做出來的工作卻沒有什麼好的效果。我發現這一類員工都是「有態度無目標」，態度很好，目標模糊，做事沒有針對性，結果就是業績很差。只是一味地去做事，不代表你能夠成事，想要成功就必須明確目標，然後才有針對性。就像砍柴一樣，要照著紋路砍下去才能事半功倍，不然便費了很大力氣也砍不出多少。

思考要對路，做事要到位。這是每一個員工最基本的工作準則，同時也是我們作為一個人的基本要求，長期堅持下去，方能提高工作效率，在企業中獲得較好的發展。

第七章
敢說「我錯了」三個字，也是可靠的表現

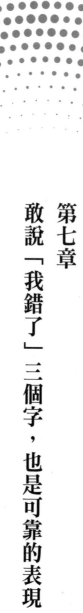

幫人，需要條件

小王談的一個客戶沒能簽下正式合約，我在專案會議上當場宣佈扣除小輝的部分獎金。小輝聽說後急得就像被火盆燙了一樣，找我要個說法。我淡定地問：「小王談客戶時你是不是去幫忙了？」小輝脖子一挺：「是啊，我那是好心幫他，幫不成我也沒辦法，但為什麼扣我錢呢？」他說得理直氣壯，可惜小王不這麼認為。在小王看來，如果沒小輝攪和，早就把合約簽下來了。

我說：「你在群組裡主動說跟客戶很熟，要去幫忙，全公司都看見了，大家對你稱讚萬分。小王也沒有明確拒絕你，所以沒談成，你和他都要受罰。但如果談成了，我只會獎勵小王，小王要不要感謝你是他的事。聽懂了嗎？」

小輝氣憤地說：「下次我再也不主動幫人了。」

「不是不可以主動幫人，」我說：「是幫人的時候要確定兩點：第一，你有能力幫助同事；第二，對方願意接受你的幫助；第三，你也要確保自己的幫忙能發揮作用。」

幫忙前先處理好自己的事

公司的小超也是一名熱情的員工，樂於助人，和同事的關係很好。但是有一天，我把他狠狠地批評了一頓，因為他放下自己的工作，跑去幫業務部的同事開車載貨，理由是司機辭職了，暫時沒人，他正好看到，就自作主張當了一回樂於助人的兼職司機。

我說：「業務部的人辭職是他們自己的事，你要做好的是你的本職工作，真的急需你去幫忙也可以，但你要跟自己的主管說一聲找人代替你，或者在公司的群組裡通報一聲，這些你做了沒有？」

他低下頭：「沒有。」

我說：「你擅自離開崗位，不通報，不找人代替，也沒有人知道你外出，我可不可以算你曠職？萬一客戶來訪，你人不在，公司損失了客戶，你要承擔什麼責任？念在你一心為了公司，這次就暫且記下，只作主管批評，但是下不為例。」

見同事忙不過來而主動伸手相助，這是一種很好的品德，是管理者鼓勵的行為。我也希望員工要互相合作，不要只管好自己的一畝三分地。但是幫助同事有一個前提條件，就是不耽誤自己的工作。如果有必要放下自己的分內事去協助同事，就必須請示上司，事先安排好替代者，才能既幫到別人，也不誤了正在做的本職工作。

求人幫忙，也要為別人考慮

批評完小超後，我把業務部的主管小劉叫過來，說：「你們業務部今天讓小超當了一回司機對嗎？」小劉點頭，承認有此事，他說司機辭職一週了，公司仍未招到新司機，正好有批貨時間很急，小超看到後願意幫助，他就安排小超開車去了趟倉庫，把貨準時載到了客戶公司。

我說：「小超年輕又熱情，你叫他，他就去了，結果自己的工作差點耽誤。這些你有沒有考慮過？下次再遇到這種情況要找老員工幫忙，因為老員工能處理好各種情況。還有，一定要考慮到對方的工作，處理好周邊情況，搞好一切善後事宜，才能請同事幫忙。」

在職場中，人和人換位思考是很重要的，因為每個人、每個部門、每個公司都有不同的工作方式，大家也有各自不同的原則，只有學會了換位思考，考慮一下對方的想法，我們才能更好地互相幫助，這也是幫助同事的前提。要設身處地地為別人著想，我們才能讓更多的人聚集成為一個整體，那麼團隊的共同戰鬥力也就得到了真正的提高。

拒絕也是一種最佳選擇

最近小宋忙得焦頭爛額，天天加班，終於有一天忍不了了，跑來提意見，說：「老闆，上一個專案我還沒忙完，您又給我下達了新的任務，而且招待、策劃、出差等公司資源也不偏重我，這麼多事我一個人很難做啊。」

我說：「安排新工作給你時，我不是直接下命令，是徵求了你的意見的。你說你能搞定，我才交給你去辦的。下一次，如果你搞不定就不要答應我，好嗎？」小宋辯解道：「我搞不定，其實是因為您沒有把公司的資源偏重給我，您太偏心了。」

我說：「公司的資源不偏重你，是因為你搞不定的次數比其他人多。所以，慢慢地，有限的資源當然是優先給能夠搞定的人使用，對此你有意見嗎？」

小宋繼續抱怨：「那您安排新任務的時候，為什麼不交給那些容易搞定的經理呢？」

我說：「我再強調一遍，這些工作我沒有下命令，而是徵求你的意見，詢問過你的態度，我也沒想到你答應得那麼痛快！所以，沒有拒絕就是你這次犯的錯誤，明白了嗎？」

小宋不懂拒絕，做了太多自己做不好的工作，反而給他帶來了麻煩。不會拒絕的人往往被我們稱為「老好人」。這樣的一個稱呼帶有某種調侃的意味，做一個「老好人」不僅會讓自己總是承受一些委屈，做過的好結果也往往被人遺忘。所以不管是生活中還是工作上，懂得拒絕是十分有必要的，這也是一種自己保持工作效率的成功之道。

工作中，我們面對的常常有上司、同事以及客戶，這些人都會提出各式各樣的要求，其中不排除一些不合理和不該由你做的要求。面對這樣的情況，你必須去拒絕，但必須注意的是——拒絕對方時要有理有據，講原則也要講技巧，才能讓自己的拒絕產生相對最好的效果。

一般而言，我們會遇到以下三類請求，同時也有相應的三種應對策略：

第一，自己分內責無旁貸的工作。這部分工作當然要以最好的品質和最高的速度來完成，也是不能拒絕的。對這一類工作，我們有條件要完成，沒條件，創造條件也要完成。

第二，與自己的職務有關的工作，但請求的時間不合時宜。這個就需要適量地拒絕，或者告訴對方什麼時候再做比較合適，給自己一個充分的緩衝期，以使相關的工作符合自己的時間安排。

第三，完全沒有義務的請求。這個必須拒絕，因為它只會製造麻煩，有害無益。

儘管我們有時候不得不選擇拒絕某些不該由自己做的工作，我們也要遵循合理的原則。首先，說出當下的真實情況（不能接受對方的請求或要求），採取換位思考的方法理解對方，說清楚，說明白，一定不能模稜兩可、吞吞吐吐。其次，用詞要溫和而有力，採用對方容易接受的表達方式，避免激起矛盾。最後，拒絕要趁早，在第一時間說「不」，不要過於委婉和迂迴，好讓對方早早另做準備，免得耽誤了對方的計畫，造成工作上不必要的損失。

點燃自己並照亮他人

在團隊中要懂得和別人分享利益，共同成長，千萬別當一名自私的團隊成員，更不要踩著其他人的肩膀往上爬，把別人當墊腳石。我在公司的內部會議上說過一句話：「壞員工是老鼠，只知道偷吃倉庫的糧食，從不做貢獻；一般員工是貓，只負責做好抓老鼠的本職工作，不懂團隊合作；好員工是狼狗，既能看守護院子，又有友愛精神。」具備友愛精神的人，他們的工作做得好，人際關係也很好，團隊精神也很強。

小宋簽下了客戶張總的合約，過來申報獎金，請我在獎金的申請表簽字。我發現上面沒有小李的名字，小李一分錢的獎金也拿不到。小宋的理由是，小李只是開車送他去了機場，沒必要也獎勵。他的態度很堅決，並不準備「照顧」一下小李。

我說：「張總那天趕飛機，你叫不到車，是剛下夜班的小李開著自己的車送你去的，後來你發現少帶了價目表，也是因為小李平時工作比較積極，所以他的包裡會隨時帶著一份備用合約，幫你補上了價目表，這你怎麼看？」

小宋的臉紅了。我接著說：「總獎金不會變，其他人已擬定的也不變，你可以從自己的獎金中分出一部分給他，當然我只是提個建議，你可以不分，小李大概不會說什麼，也就是下次不會再幫你了而已。如果只點燃自己，你的周圍將一片黑暗，只照亮他人，你將會成為灰燼，所以你可以試試點燃自己並且照亮他人。」小宋低下頭想了二十秒鐘，決定把自己的獎金分三分之一給小李。

不要擔心別人超過你

再舉一個例子。小陽所在的公司為了擴大業務，在幾個月的時間內招來了一批綜合能力都不錯的新人，新人很受主管的重視，於是使小陽漸漸地產生了危機感，認為在一年一次的升職機會的爭奪中自己會處於劣勢。他便想辦法處處暗中刁難新人。

雖然大家的職位都是一樣的，但因為小陽比大家都要早來公司，新人們也不好反抗，只好打掉牙齒往肚子裡面吞。久而久之，辦公室便出現了一種奇怪的氣氛，遇到好的機會時，新人們不敢出頭，工作的創意跟不上，專案成功率迅速下降。小陽因為自身能力有限也不能給他所在的部門帶來更多的好想法，業績受到了嚴重的影響，大家都成了受害者。

老闆看到這種情況，便開始研究對策。由於部門的工作起色不大，也沒發現哪一個員工特別優秀，於是從高層空降了一位部門負責人，小陽本可以利用自己早來公司的優勢帶好一個團隊，卻因為自己害怕被別人超過，與寶貴的升職機會失之交臂。

害怕別人超過自己，或者得到的獎勵比自己多，進而影響到自己在公司的地位，本身就是對自身能力的一種懷疑，是沒自信的表現。

大家好，才是真的好

就像有一句廣告詞說的「大家好，才是真的好」，任職於一家公司，從事某一項工作，我們首先要從宏觀的角度去考慮問題，對於別人是否會瓜分自己的功勞所持有的態度，直接反映出了一個人是否具有團隊精神，是否適合承擔重任。管理者的眼睛是明亮的，員工的所作所為都被他看在眼裡，也一定記在心裡，並在機會適合時算總帳。如果一味地崇尚個人主義，而不注重取長補短，與團隊中的同事同進同退，心胸狹窄或者目光短淺，結果便是擋住了自己前進的道路。

逃避不是辦法，有事正常溝通

員工小宋希望我幫他換一個部門，也就是跨部門調職，理由是他覺得自己的經理不喜歡他，所以他希望去一個能看得上他的經理手下做，可以發揮個人的能力。有這類想法的人可不少，許多人在工作中認為自己懷才不遇，一個主要的說辭就是「上司不喜歡、不重用自己」，甚至懷疑上司故意針對他，根本不想幫他在工作上取得進步。

我問：「你確定現在的經理看不上你？」

小宋無比肯定地點頭說：「我確定，我做事都沒讓他滿意過，他老是批評我，批評得還滿重的。」

「那麼他有沒有批評別人？」

小宋說：「倒是也有批評，可是批評我是最重的。」

我明白了，告訴他：「我不能幫你調換部門，換了也解決不了你的問題，因為問題不在哪個部門或哪個經理，問題在你！而且我也不可能指點你，坦白地說，你們是能正常溝通的，關鍵看你的態度。」

多溝通交流，才能解決問題

小宋的問題在於，他很想讓上司看到自己的能力，卻又不想主動溝通。有想法又不表達，這是我最不喜歡的一種員工屬性，因為這總會造成執行障礙。當上司在工作上批評他、指出他的問題時，他又暗自覺得這是在針對自己，是暗中刁難他。所以他想逃避，以為躲到別的部門就有好運氣。

實際上，只有多主動地與上司交流，才能讓上司知道自己的工作想法，讓上司隨時都了解到自己的工作狀態，展示自己的工作積極性。在積極的溝通交流中，員工要告訴上司自己你做了什麼，下一步想做什麼，多說一些工作上的事情，少發洩情緒，上司才會覺得你是一個敬業的員工，樂於提出建議，幫助你提高工作的效能，實現自己的價值。

逃避問題，問題便越來越嚴重

現在許多人見到上司就習慣性地躲開，勉勉強強打個招呼，有機會低頭就走，如此一來，上司要嘛對你留不下深刻的印象，要嘛會覺得你的工作肯定是出了某些問題，因為你心虛，而且對工作溝通不積極。在逃避的態度驅使下，本來可以輕鬆化解的問題也就越來越嚴重了。所以有事必須正常溝通，不能因為上司不好交流便放棄機會。放棄只能逃避一時，大方的溝通才能徹底地解決問題，打通自己的上升通道。

【下篇】

結果可預測：不為合作者帶來風險

結果的「可預測性」，不是要求你有多大本事，而是你的能力範圍要讓合作夥伴知道，他們能確定在什麼情況下可以找你，找你能把問題解決到什麼程度。作為一個網路合作環境下的一個節點，最大的美德，不是能力多強，而是不為合作者帶來風險。

第八章

搞定自己職責範圍內的一切問題

老闆只想聽談判成功了！

很多人在工作中都對老闆的「某些行為」有所不滿，比如總是打斷他們的匯報，不聽他們的建議，好像下屬的想法在老闆的眼裡一點也不值錢。為什麼會這樣？昨天下午，銷售部門的小輝現身說法，他很著急地找我請示工作：「上午那個客戶，合約我沒簽下來，唉。」講完就嘆氣，然後我們有了一段對話。

我：「然後呢？」

小輝：「應該是報價有點高，我去調整報價。」

我：「還有嗎？」

小輝：「我的企劃跟客戶的訴求似乎也有點偏差……有必要重新整理一下。」

我：「所以呢？」

小輝像突然開了竅又說：「我的接待工作也有疏忽，客戶今天的情緒不太高漲，我要仔細安排接待流程，再約他談一次。」

他轉身就走，但我叫住了他，告訴他問題所在：「我不想聽你的工作過程，你怎麼做的、怎麼想的，現在跟我沒什麼關係，我只想聽談判成功了！記住這個原則了嗎？」

小輝慚愧地離開了，可事情並沒完，他留下的問題恰恰是本書想要表達的主旨——擁有出色的環形思維的人在工作中奉行的是「結果主義」，他們是效率的擁護者，是幹練的代名詞。企業最喜歡的就是這類員工。上司只想聽到下屬過來告訴他工作已經完成了，不想聽到一個又一個的問題和問號。問題和問號代表著止步不前，下屬要養成帶著句號走進上司辦公室的習慣，而不是找他傾訴事情沒辦完的苦衷。在工作的第一個環形中，老闆是發起人，他要的只有最後的結果，其他的雖然也很重要，但並不在他的精力範圍內。我們甚至可以這麼說：除了一個完美的結果，管理者不想看到別的任何東西。

第一，老闆是工作的發起者和結果的接收者。為什麼老闆只負責坐在辦公室開開會、聽聽匯報，一點也不體諒下屬的辛苦？別再想這個沒有意義的問題。在一個環形體系中，老闆也有他的責任，他要為一個專案的發起負責，也要承擔結果中最大的一部分風險。沒有哪個老闆會關心下屬在外面談合約有多難——因為這是下屬應該做的。在老闆的職責範圍內，他要看到的是出色的成績，不是慘兮兮的汗水。

第二，工作沒有業績，再多的付出也是零。員工的責任就是做好自己該做的事，用結果說話。這是一個小學生都懂的道理，卻被成人出於某些原因忽視。如果你的合約沒談下來，就算三天三夜沒睡覺也毫無意義，這對你、對企業、對老闆的回饋都是零。當你絞盡腦汁想告訴老闆自己的工作出現了問題時，別指望他會理解你的心情。

要結果，不要加班

如果給你一個單選題，在結果和加班之間，你會選擇什麼？很有趣的是，在一項調查中，大約六十二%的企業雇員選擇了「加班」。他們寧可在辦公室多待兩小時，也不想準時交付工作結果。但在管理者看來，加班是不必要的，結果卻是必要而且生死攸關的。

有一次，市場部的一位推廣經理過來提意見說：「我想向公司申請發些加班費給我。」問他理由，他挺著腰桿說自己加班了，加得很辛苦，經常到晚上十點鐘才獨自一人踏上回家的末班車。有時末班車趕不上，他還要自掏腰包叫車。我說：「哦，不容易，可那是我要你加的嗎？」他一聽有點氣虛了，忙說：「不是，工作太多了，做不完，所以需要加班。」我又問他：「那加班的結果呢？」他拿不出來，因為工作還在進行中，目前沒有什麼結果。我只好告訴他：「等你合約簽了，我給你獎金、給你抽成，你加不加班，跟我沒關係！」

我經常被問到這樣的問題：「為什麼員工加了班拿不到加班費呢？」這類問題在知乎等問答網站上也常出現，是人們關注的熱門。聽起來擲地有聲，像在質問一個剝削下屬的「混蛋上司」——你們擁護「九九六[1]」，隨意壓縮員工休息時間，是不是位子決定了立場？

假如站在不相干的位置上，你會發現這個問題無比正義，付出就得有收穫。但當你也採用環形思維來參與其中代入思考時，你會突然看到另一個答案，那就是：這個世界每一個領域的運轉無不遵守著成果導向。不論是被馬雲稱為福報的「九九六」，還是員工被動、自主地加班，抑或是老闆要求下屬兢兢業業做好的每一個單子，都是為了取得實實在在的成果。

所以，每次我的回答都是一致的：企業只認工作結果，認功勞，認成績，但是從來不認苦勞。你是業務員，把合約簽了就是檢驗工作結果的唯一標準；你是市場推廣人員，做一個引起積極迴響的廣告就是工作對你的唯一要求；我是管理者，制訂企業的經營計畫、拿到理想的業績就是市場檢驗我的最終標準。至於怎麼做的、用了多長時間，對於結果來

1 指從早上九點工作到晚上九點、一週工作六天。

說並不重要。除非時間是考核的標準之一。所以我不希望員工加班，也不希望他們在非工作時間還浪費公司的空調、網路、水電等資源，盼望他們在工作時間內搞定所有的事情。這是所有老闆的心聲，沒有比這更愉快的結果。

公司的小宋有一次也找我，說他上週加班了一整天，公司沒有給他一塊錢加班費，同事小郝才加班了四個小時，公司就給了他雙倍的加班費，還予以公開表揚。但是他為何加班呢？公司規定他在週五完成的企劃書，他直到週末加班一整天才做完了工作，小郝不但按時交上了企劃書，而且在週六主動加班到客戶那裡簽下了合約，為公司節省了大量的時間。

沒有成果，加班就沒有價值。如果只是由於個人能力不足而加班，公司又怎麼可能為你的低效付出買單呢？如果加班是你用來填補未完成的工作的方式，公司怎會給予額外的獎勵？加班的人往往覺得自己是被公司剝削，也是被繁瑣的工作所困，事實有時恰恰相反，很多人加班的原因不是工作太多，而是因為自己在該工作的時候浪費了太多的時間，只好用加班來補救。一定要合理地安排自己的時間，在上班時間內便交出令老闆滿意的結果，才能上下級皆大歡喜，對團隊也有益處。

努力沒結果，等於沒努力

我把員工小A叫到辦公室問：「要你做的那幾個PPT做好了嗎？」小A一臉茫然地說：「還沒……」我說：「都一個星期了，為什麼還沒做好？」小A怯怯地答：「平時很忙，而且我對那些產品都不是很懂。」我說：「不懂就去找懂的人問啊！」小A：「廠商沒給我產品的PPT，資料也不好找。」我說：「那就去要、去找啊！」小A答道：「綜上所述，所以還沒完成，但我確實一直在努力做……」我一鎚定音地說：「你要是不能勝任的話，我早晚會請你離開！努力是行動結果，不是思想狀態，你要是遲遲不能把努力表現在結果上的話，早晚會吃苦頭的！」

小A的問題在於，他確實是一個很努力的下屬，忙得焦頭爛額，一刻也不得閒，從沒見他偷過懶，可這麼努力地工作卻常常不能按時交出成果。因為他努力，我一直給他機會；因為他交出成果慢，我一直不給他加薪升職。

工作中這種現象十分普遍，有一些人看起來不是那麼努力，工作成果卻非常顯著，升職就像坐火箭，薪資高出同事兩、三倍；另外一些人雖然勤奮異常，拚命加班，全身心地投入工作，到頭來卻碌碌無為，吃力不討好。

其原因是：只有我們能對自己負起一百%的責任，拿出一百%的結果，才是一個可靠的人。但凡在工作中取得較大成就的人，他們都有一個共同特點，那就是能對工作的成果負責，對自己該承擔的責任負責。

工作其實與讀書考試一樣，不管你是讀書到凌晨還是玩到半夜，這些都不重要，最後的評估標準是成績。只要成績好，怎麼讀都是對的；成績不好，把書本吃掉也沒用。工作中同理，無論你的付出有多大，衡量你的工作是否優秀的最重要的指標是你完成的工作成果，是你交給上司的最終成績單，而不是你流下的汗水和受過的罪。

不僅人需要有環形思維，企業也是一個嚴密的環形組織，它有自己的發展目標，包括市場、開發、利益和對社會的貢獻目標等，這些目標寫在紙上，但是由每一名員工的成果來實現。不僅員工，管理者也是這個系統中的一分子。所以，企業最需要的就是可靠的人才——能拿結果說話的優秀人才。往大方向說，「工作成果」是未來的遠景，是戰略規劃的實現；往小方向說，就是一個很小的事情所產生的結果。

例如，一家科技公司當月要完成五千萬元的銷售額，這是公司的大目標。那麼二十名銷售人員每人至少要完成兩百五十萬元的銷售額，這就是每名銷售人員平均下來的小目標。目標制定了就必須完成，至於過程如何，都不是管理和考核人員重點關注的事項。

就像我常對下屬說的一句話：「我會為你的過程鼓掌，但我只會為你的結果買單。過程再好，結果很差，對不起，那也是失敗！」站在組織鏈頂端的人不關心下面人的努力程度，只關注努力後的結果。

摩托羅拉公司的一位戰略規劃師在他的一篇文章中說，假如一名員工僅是抱著完成任務的態度做事，充其量得到的是苦勞，看起來努力卻沒什麼實質的成果。還有員工就像牽線木偶，缺乏自主行動力，總要旁人引導、督促才能把事情做成，否則便空耗時間，工作沒有針對性。這兩類員工在企業的考核標準中都是不及格的。因為做事的結果才是判斷有無功勞的基礎。

從老闆的角度看，在對員工加薪和提拔時，並不是因為他的本職工作做得好，忙碌、辛苦等都不是加分項，甚至連及格線也不是，而是看他在規定的時間內做出了哪些成績。說白了，一個人是否優秀並不表現在他努力的過程，而是表現在他努力的成果上。這很殘酷，但又很勵志。

環形：完成任務不等於就有成果

日常管理中，我經常聽到下屬說：「我已經按照您說的去做了。」這話裡有抱怨，也有不服氣。比如我要一名員工回覆客戶郵件，他很快就回覆了，然後他認為自己完成了任務，但卻不想一想我要他回覆郵件的目的是與客戶就具體的問題達成共識，他要確認客戶收到了郵件，然後去解決客戶有可能存在的其他疑惑。他只是寄出了郵件，問題並沒有在一個環形中解決，命令是前提，任務是基礎，結果是回饋，三者缺一不可。確認客戶收到並且回覆，這才是我想要的工作成果。

然而，大部分人在工作中的認知始終停留在「回覆郵件」這個任務身上，認為寄出郵件便萬事大吉。我們如今與各家企業的客服打交道時總能體會到這種敷衍的、文字遊戲式的服務，就是因為企業中充滿了只為完成任務而不願為成果負責的人。

搞定一切

員工小龍過來找我，他覺得最近與同事在工作中很不好相處，做事時也覺得別人在針對他。換句話說，他想求助老闆，要同事別跟他過不去。我就問他：「你搞定不了同事，能搞定自己嗎？」小龍納悶地問：「什麼叫搞定自己？」我說：「能適應就是搞定，不然就換一份工作，不過我可以告訴你，換了工作你可能也不行。」

小龍面臨的問題很有代表性，用哈佛心理學家凱薩琳・史坦納・阿黛爾的話說就是「自適力」：每一名成功者都能在社會系統中尋找到一個適合自己的位置或者努力說服自己適應，承擔某種工作，然後逐步提升自己，向更高的位置躍升。簡單地說，優秀的員工要能搞定自己職責範圍內的一切問題，而不是讓上司幫他清掃障礙。

努力工作，也要善於工作

自己的事情需要自己搞定，別人不會幫你忙，上司也沒這個義務。你擔任某個職位，就要處理好與這個職位有關的所有工作，這就是環形。在這個世界上，努力工作的人有很多，但在無數努力工作的人之中真正取得成功，或者是在工作中獲得快樂、遊刃有餘和讓公司放心的卻往往只占少數。為什麼呢？因為他們在工作中只有努力，沒有結果；只有態度，沒有方法。

日本松下集團有一個名為「七十分」的用人準則，松下管理層認為到松下應聘的員工能達到七十分便夠用了。對於他們來講，分數太高不一定有用，因為他們不甘心於當下的位置，總想往上走，結果就是既做不好眼前的工作，還破壞了團隊關係，這樣的人才很難管理，屬於高智商的難搞人物。招聘「適當」的人，是松下集團的準則。「適當」二字不僅要求員工的能力與他要做的工作相符合，同時也能減少員工好高騖遠的程度，降低人才的流失率，充分實現命令、執行、回饋的正循環。

勝任是標準

我們在工作中不僅要努力，還要找準自己的位置，就是要尋找一個自己能「勝任」的職位。有了這一個可以勝任的職位之後，就要發揮自己的主觀能動力。勝任不是一個簡單的要求，僅僅努力地去工作是遠遠不達標的，要在崗位上善於工作，提高工作的品質，也提高工作的效率，把結果準時拿出來給上司看。同時，也在這些不斷提高的過程中加強自身的能力，提升競爭力，才能從企業得到預想的回報。

如何成為一個「善於工作」的人？

第一，不滿足於現有的知識和經驗。學習是永遠沒有止境的，用結果說話，就要學會創造更好的結果。滿足於現狀只會讓工作停滯不前，讓自己漸漸地成為一名平庸員工。所以我喜歡有野心的下屬，也會盡力為他們提供展示能力的舞台。

第二，不斷強化自己的專業技能。學習並不是盲目、無目的，要有針對性地學習與自己工作匹配的專業技能，提高解決問題的能力。如果你是一名銷售人員，卻每天堅持學習如何設計產品，對你的工作便沒有太大幫助。很可能設計能力沒提高，銷售工作也耽誤了，兩邊都做不出成績。這山望著那山高的心態一定要戒除，將最擅長的技能強化到極致，你就能贏下大部分的競爭。

第三，改變落伍的工作方式。有一項統計顯示，今天我們掌握的工作方法中的八十%在五年後就不再適應新的形勢。學習是從不缺席的，學習必然就會帶來改變和更新。要勝任越來越高的工作要求，也需要不斷地改變和更新自己，才能適應工作的新要求。比如作為公司的銷售人員，你過去只能用大白話勸說顧客買你的商品，打感情牌來說服他們，銷售業績越來越差，透過學習也許就能用十分專業的術語來與顧客溝通，提高銷售的成功率。改變和優化工作的方式，是拿出更好成果的重要一步。

老闆尊重埋頭苦幹的人，但是並不喜歡他們。我也會同情勤奮又堅韌的員工，可從不會僅憑這一點便重用他們。埋頭苦幹是一種原始的方式，只有善於工作的人才能體會到工作的快樂，自己獨立地解決工作中遇到的所有問題。

制度只注重結果，不會照顧意外

田祕書昨天抱怨道：「老闆，我上個月因為遲到被扣了五百塊錢。」我說：「不冤枉啊，找我幹嘛？」田祕書一聽更冤了，訴說詳情：「我是準時到的，但是按指紋的時候金祕書在我前面，我等她，她的動作慢，等她按完我再按時就晚了十秒鐘。才十秒鐘，而且這是客觀原因導致的，完全是一次意外，我人已在公司了並沒遲到。再說了，北京的交通狀況您也是了解的！」她一臉的不服，但我回覆說：「客觀問題所有人都一樣要面對，制度只能追求結果，不可能照顧意外！」

遲到是個結果，排隊或塞車是意外，管理者看重哪一個？結果顯而易見，企業用制度考核員工的方方面面，自然就不會將意外因素納入其中。制度是考核的工具，它本身無需思考，只需按條文執行。而且只看結果，對每個人才是最公平的。有人說：「一個人的看法，決定了他的做法，他的做法又決定了他的活法。」對一件事物的認知影響了人的格局和層次，田祕書只看到了導致自己遲到的因素，忙著找藉口，沒看到自己完全可以早點出發避免遲到，我們可以說她在這件事上是缺乏環形思維的——她想讓制度為自己亮綠燈。

人的認知不同，採取的行為就不同，態度也會不一樣。當你意識到自己的努力並沒有得到一個好的結果時，應該立即調整心態，接受制度對自己的客觀評估，然後改正方法，爭取下一次把工作做好。我們最能把握好的就是手中緊握的機會，而不是已經產生的錯誤。在制度中沒有意外，只有結果；沒有通融，只有一絲不苟地執行。所以你對待結果的態度，決定了你的人生高度。在企業中，只有人人為結果負責，工作才能越做越好，自己才能不斷進步和成長。

第一，根據制度要求，明確自己要完成的成果。

美國橋水基金公司的創始人雷．達利奧在自己的《原則》一書中全面闡述了生活、工作和管理的原則，他認為，員工最重要的任務是清楚自己的職責，其次是清楚自己的工作成果。這句話可以理解為：你要搞清楚自己是來做什麼的。工作不是為了質疑和對抗制度，是根據企業制度的要求完成每一項工作，並且清楚自己必須實現的目標，包括「不能遲到」、「業績指標」等。如果不明白公司的要求和自己的責任，就要及時和上司確認，而不是事後找理由，把責任推給客觀因素。

第二，定期檢視，防止意外。

有的員工努力了也不一定會有成果，就像田祕書很努力地往公司趕卻遲到了。如何解決這種問題？辦法就是平時定期和認真地檢視、修正自己的工作方法、時間安排，成為一個小心和專注的人，做到未雨綢繆，防止工作中意外的發生。比如田祕書需要檢查一下自己的問題：從家出發的時間能不能再早五分鐘，如果路上塞車是否需要換個路線？這種問題只要稍微注意，就能得到解決，而不是要求公司的制度對自己網開一面。總之，要定期整理自己的工作方法，嚴格遵守公司制度和對工作的要求，努力達到公司要求的標準，這樣才能提前發現問題並且針對性地調整，及早發現當下的行為是否有利於完成工作，才是我們最需要做的。

老闆裝瞎，不是真瞎

公司前段時間曾經有過裁員的計畫，在討論階段就已經傳開了，許多員工人心惶惶，生怕裁到自己，所以私下到處打聽。有一天員工小輝竟然打聽到了我的頭上，跑進辦公室吞吞吐吐地說：「老闆啊，有些話我不知道該不該問，小王跟我說……」我立即叫他停下：「小王是不是告訴你要裁員了，小李是不是說公司沒人性，老員工也不放過？小趙是不是說公司可能倒閉？」小輝震驚得快說不出話來，連忙說：「原來您都知道。」我說：「不是只有你一個人向我傳達消息，你們想什麼在我的眼中非常透明，做好自己的事才是真理。」

只要你的成績過硬，就誰都動不了你的乳酪。當公司有人事變動或者裁員時，標準是什麼？是每個人工作的成績，所以一切胡思亂想都是沒用的，改變不了最終的結果。在企業或者一個部門中，你做了什麼、沒做什麼，上司往往一清二楚地看在眼裡，有時他不說，只是不想說，並不是他瞎了。想讓上司看得起，唯有成績過硬。當你的工作成績有說服力時，就沒人能威脅到你的位置。

專心做好工作，老闆心明眼亮。如果你覺得自己的上司是一個睜眼瞎子，看不到你的努力和貢獻，那麼我告訴你，睜眼瞎的是你自己。管理者會假裝沒看到一名下屬的偷懶行為，沒看到一名重點培養對象為工作做出的貢獻，但他們在計算員工該得的回報時一定不會糊塗。因此，想在企業的裁員計畫中被排除在外，成為優秀的那個幸運兒，就得專心地將自己的工作做好，做出讓公司滿意的成果；要想讓你的貢獻變成有效的業績，也要研究能把工作做好的方法，切切實實地讓公司從你的工作中受益。老闆對此是心知肚明的，公司也有嚴謹的考核依據。

聽懂要求

有一次我把營運經理小龍叫過來，問他：「我跟你要的上個季度每個專案的營收匯報表呢？」小龍是個勤奮而又有點創新火花的人，他興奮地告訴我，在整理資料時發現有的專案很值得研究，就把過程中的關鍵點記錄下來了，希望以後可以幫助公司的新人。雖然耽誤了進度，但他覺得這個事情特別有意義。

看起來他是一個很有鑽研精神的員工，但他的問題出在哪裡？答案是自己的行為與老闆的要求不一致。在環形思維中，這也是一種典型的不可靠的表現，當上司向他要結果時，他給出了錯誤或有偏差的回饋。

第一，沒有領會上司的主要要求。我要小龍將專案的營收匯報表做好交給我，他答應得很好，卻中途拐了個彎，做起了別的。用一句俗話說，要他往東，他偏往西，並且他以為自己的選擇是正確的。

第二，能力再強，用不對地方也毫無價值。這也是職場中比較普遍的現象，工作成果的表現不是由自己的興趣決定的，而是由企業的需求來進行評估和定義。員工一定要把能力用到企業需要之處，用嚴謹的態度執行好上司的命令，才能做出實際的成果。我不反對創新，創新對企業非常重要，對員工也是不可或缺的素質。工作中你當然可以做更有意義的事，這也是企業和老闆鼓勵的行為，沒人不喜歡具有創新精神的下屬。但是必須先迅速完成上司的基本要求和做好基本的任務後，用剩下的時間再去做別的事。也就是要聽懂要求，執行到位，才叫有成果。如果公司的基本要求你沒有完成，其他的事情做得再有意義也是「亂七八糟」的結果，對公司、對你都沒有好處。

面對錯誤，不如解決錯誤

人有失手，馬有漏蹄，誰都有犯錯的時候。現實中我們很多人對待錯誤的態度是十分誠懇的，絕不逃避，也不給自己找理由。比如，田祕書因一次失誤對公司造成了損失，我問她怎麼想的，她早就準備好了一份字跡工整的檢討書，垂首低眉地說：「是我的疏忽，我算錯了價格，導致大家白忙一場，我非常內疚，您嚴厲地批評我、罵我吧，我一定虛心接受，並保證在今後的工作中認真再認真，絕不再犯！」

「這就完了？還有嗎？這是你想了四個小時給我的結論？」田祕書滿臉驚恐地問：「您的意思是我應該再多反省久一點？」

聽到這裡我就知道，她的態度僅止於承認錯誤、為錯誤道歉。多數員工肯定都是這麼想的：「我工作沒做好，就趕緊道歉，態度誠懇點，上司便不忍心懲罰我。」這成了一種廣泛流行的模式，是員工對付公司的常用法寶。

但管理者要看到的是什麼呢？是你後續的行動，是改正錯誤的方法，是消除未來再犯的可能性。這才是環形思維中所要求的「成果」。環形思維並不重視態度，態度就像有些食物，好看但不好吃。能勇敢地面對錯誤只是一種基本的態度，能果斷地改正錯誤才是企業需要的成果。因此，我對田祕書說：「你應該告訴我，如何才能彌補因為你的疏忽造成的損失，如何挽救因為你的大意失去的訂單，面對錯誤的時候，態度固然重要，但解決錯誤的方法更加重要。」

糾正錯誤，是環形思維的重要一步

作為工作管理中的新興的熱門詞語，「環形思維」涵蓋了一項任務的發起到結束的全過程，是一個容納每一個環節的封閉結構。我們只要跟進一件事，就要有始有終，能把這個任務的細節逐一落實下去，從頭到尾，形成一個完整而有力的環形，解決期間的所有問題。但我們無法保證自己執行的每一步都是正確的，所有難免出錯。出錯以後，如果不進行糾正錯誤，環形就被打開，任務失敗，我們給發起人的回饋就是一個失敗的訊號。之後呢？這個任務就無意義了，它在消耗了資源後卻未提供計畫中的產出。因此，環形思維中不可或缺的一步就是糾正錯誤。糾正錯誤本身也是工作成果的重要部分，它能讓事情重歸正確的軌道，給發起人一個成功的回饋。

第一時間認錯，還要第一時間改錯

發現自己做錯了以後，說明工作的方法出了問題，或者某一個環節有了失誤。這時除了第一時間認錯外，還要在第一時間改錯：

哪個地方準備得不到位？

哪個階段的計畫出了紕漏？

是人的問題，還是錢的問題？

是我的問題，還是其他人的問題？

是環境因素，還是制度因素？

諸如此類的問題都要思考和解決。而且，我們要把改正錯誤的方法回饋給任務的發起人，共同改進工作流程，從教訓中總結經驗，提取針對性的工作方法，否則後續的工作仍然存在問題。這也是管理中十分關鍵的環節，是企業對員工的基本要求。

第九章
努力的「姿勢」再好看，沒有成果也白搭

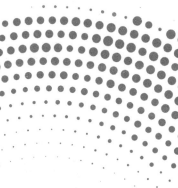

匯報工作說結果

業務經理小周急急忙忙地來到辦公室匯報工作，說道：「老闆，我找王總簽合約回來了。」我說：「結果怎麼樣？」小周上氣不接下氣地說：「這一趟可真折騰，路上塞車沒辦法，我又繞兩條街去坐地鐵，好不容易趕到客戶公司，又碰上王總和一群人在開會……」我打斷他：「說結果！」小周垂下了腦袋說：「合約沒簽成。」時間已過去兩分鐘。

我們經常遇到這種情況，有些員工在匯報工作時先說過程、原因這些枝微末節的東西，到最後再告訴上司事情辦得怎麼樣。但不論是階段性還是成果性的工作匯報，對方要聽取的無一例外都是最終的結果。作為上司，他們聽你匯報時最關注的就是結果，其次才是過程和原因。如果沒有必要，他們也不想聽你囉唆一句。

為什麼有些員工在匯報工作時總喜歡先講過程，再講結果？原因是多方面的，但不外乎都有以下兩種動機：

第一，為自己推卸責任。事情沒做好，所以先重點強調過程有多難（工作不好做，我沒做好是有原因的）。

第二，為自己邀功。事情做好了，展示一下過程有多曲折（這麼難的工作我都能做好，讓老闆看到自己的能力）。

無論出於什麼動機，匯報工作時不先說結果，都會耽誤對方的寶貴時間，特別是聽取匯報的人大部分是上級，這就會出現一個奇特的現象：老闆放下自己的工作聽你講故事。也就是管理學中常說的「反授權現象」：上級在做下級的事！

把最核心的資訊用三十秒說完

全球最大的日用消費品公司寶潔的前總裁理查．德普里對下屬提出過一項要求：所有形式的備忘錄都不得超過一頁小A四紙，團隊討論、工作匯報、資料報告等統統如此。德普里極度厭惡那些偏離重點長篇大論的人，他說：「我不理解複雜的，只理解簡單的，把它們精簡成我想要的東西。」

假設現在到了為一個大專案做總結的時候，為了這份匯報你奮筆疾書忙到凌晨三點。上午，公司的高階主管們準時齊聚會議室，正襟危坐，對你的精彩發言翹首以待。這時老闆突然進來，把你叫出去。他因為有事要出去，所以要求你在電梯裡向他做這個專案的匯報，而你只有三十秒的時間。你能用這三十秒說出他最關心的內容嗎？

這是著名的電梯法則所提出的問題——這麼短的時間內，很顯然你必須盡快地說明專案的完成進度、預期和邊際收益以及至關重要的問題，而不是向老闆介紹自己的團隊工作有多辛苦，客戶有多難搞，同事有多刁難你。簡而言之，匯報工作既要讓老闆的疑問得到解決，又要保證他的時間得以高效利用。想做到這一點，就得在最短的時間內說完最核心的資訊。三十秒，是他能承受的時間極限。

簡單明瞭，先從結果談起

如何才能在匯報工作時避免小周那樣辛苦一遭還被老闆訓得尷尬呢？最基本的原則是先說結果，最節省時間的步驟是用三句話結束匯報：第一句講結果，第二句講問題，第三句請求指示（提企劃）。這樣簡單明瞭，環環相扣，直奔主題，不僅讓老闆第一時間聽到了核心資訊，也展示了幹練的思維習慣。即便工作沒做好，也不至於「壞上加壞」。

假如老闆想知道工作的過程和原因、較為詳細的前因後果，他自己就會提問並留給你充裕的時間。那時你再表達自己的觀點，透露更多的資訊，並提出你自己的建議。你可以在對方的允許下談論自己從未講過的想法，或者給他提供新鮮而重要的資料，對之前的匯報做補充說明。不過這一切要建立在老闆主動給你時間的基礎上。

工作該誰做？

每當有管理者向我請教怎麼提高團隊溝通效率的問題時，我都向他們推薦一個原則：招聘理解力強的員工，而不是表演型員工。理解力強的員工明白自己的工作是什麼，他們重結果，不問問題，重效率，不要花招。表演型員工恰恰相反，喜歡問問題，做起事來卻缺乏效率，甚至會形成一種他看起來很忙，實則工作都是老闆或其他人做的現象。這既是分工的錯位，也是管理的失敗。

北京某公司的李總曾跟我分享過一個自己的故事，他的一名下屬小周向他匯報，說客戶的合約沒簽下來，原因是企劃做得不夠完善，需要調整產品報價，加快進度，還要保持細節的溝通，因此客戶暫時沒簽。李總耐著性子聽了大半天，反問了一句：「你是要我完善企劃、調整報價、保持溝通，還是加快進度？」小周滿頭大汗地走了。老闆的質問戳中了他的命門。

這個案例表現出來的是員工在工作中經常出現的兩方面的問題。

第一，小周的工作效率很低。員工接到了上司的任務去跟客戶談合約，這是一個環形的發起，上司作為任務的發起者，涉及的所有問題都是需要員工自己解決的，他要傾聽客戶的意見，拿出處理方案，把合約簽好了再找上司報告（回饋）。但小周帶著任務出去，拿著問題回來，什麼都沒做成。

第二，小周的工作定位發生了錯位。工作定位就是我們對自己工作角色的認知。我是發起人、是執行人，還是考核人？每個人對此要一清二楚。小周是工作的執行者，最後卻變成了問題的回饋者，侵入了發起人的範圍，沒有解決問題反而帶著問題而歸，那麼問題是誰解決呢？總不能由上司親自替他開路。所以，員工要充分理解自己的位置，是上司為你安排任務、發佈命令，而不是你充當客戶和老闆之間的溝通橋樑，讓他們去左右互搏。如果你總是擔當後者的角色，離下課也就不遠了。

相比努力，高效更重要

結果是環形思維的骨架，高效則是環形思維的拳頭。沒有效率，努力就是一無是處的表演。公司會容納高效率但有點懶的員工，卻從不會給努力但毫無產出的員工一點機會。當我的員工因為加班而遲到並且又沒拿出成果時，我從他們的眼中能看到乞求理解的意圖，不過我從不給他們面子。相比努力，我更需要的是員工處理任務和完成專案的效率。

你的工作早早做完了，作為員工是可以早下班的，老闆不會真生氣。但工作加班都做不完，次日又遲到，公司卻是真會予以懲罰的。

要聰明而不是忙亂地去工作

美國有一個叫提摩西．費里斯的年輕人，二十九歲便經營著一家銷售營養品的跨國公司，同時他也是一所大學管理課程的客座講師，甚至也是精通漢語、日語、德語、西班牙語、韓語的應用語言學家，還是散打冠軍、摩托車賽車手、一項探戈舞的金氏世界紀錄保持者。而這樣一個才華橫溢到讓所有人眼紅和嫉妒的人，他每週的工作時間竟然只有四小時！聽到他的故事，人們以為他一定累得要死，可實際上他十分悠閒。

人們覺得很奇怪，為什麼我勤奮耕耘一輩子也得不到他的一半成就，而他輕輕鬆鬆一週幾個小時就這麼傑出？答案其實很簡單，因為他可以比別人更加聰明地工作！聰明地工作比辛苦地工作更能得到快樂。他是一個擁有出色的環形思維的人。

費里斯向人們舉了一個自己的親身經歷。他在更年輕一點的時候打工做促銷，做了幾天之後，他就發現了一個可以每天偷懶七個小時的祕密，只需要每天工作一個小時就能把自己的銷售業績保持在公司的前列。這個祕密很簡單，在一天中的九點到九點半、四點半到五點半這兩個時段，更容易與顧客達成交易。他就是用這樣的方法，讓自己既減輕了工作負擔，又獲得了出色的成果，這個聰明的做法讓他取得了比許多整天辛苦打電話的同事高出數倍的成績。人們會羨慕這種人，把他們稱為難得的天才，各行各業的天才到處都是，卻從來不是自己。最根本的原因是，人們不是不懂聰明的方法，而是常常覺得自己做不到，認為自己只能用勤奮彌補才智的不足。就像今天的大部分人都覺得馬雲是一個傳說，自己只是普通人一樣，所以寧可忙碌而低效地工作，也不願嘗試聰明而高效地做出令人驚訝的成果。

在這種思維的影響下，勤奮成了一種最易獲得、最受認同的成功路徑。即使勤奮過後依舊平庸，人們也能獲得心理平衡，接受結果並安慰自己。

要有信心提高自己的效率

提高效率，需要先提高自己的信心。這個世界上有九十九％的人認為自己不可能（無法）獲得偉大的成就，所以他們給自己制定的目標也很平庸。既然是平庸地生活和工作，就必然依賴勤奮，忽視了開發頭腦中的智慧。那麼到最後，他們就真的平庸地過了一輩子。剩下的一％的人則相信和堅持認為自己能夠成功，可以取得很好的結果，從來不畏懼困難。他們總覺得別人能做到的自己也能夠做到，別人不能做到的自己更能做到，因此工作中會創造性地思考對策，主動提高效率。這樣的人最後都必有大的成就。信心是獲取任何一種成功的基礎，也是實現高效工作的前提。

心懷夢想，再去積極改變。要像費里斯一樣心懷夢想，勇敢進取，並且積極地思考和採取行動。說得通俗一點，夢想不是掛在腦子裡的，是灌輸到腳上的。有夢想，就有足夠的動力思考「當下我做錯了什麼」，解決「下一步我要怎麼做」的問題，並付諸行動。就能提高自己的生活和工作效率了。

拖延是個坑

小宋自從接受了一個任務後便消失了好幾天，等我找到他時，看見他一臉愧色。和他要企劃，他小聲地回答：「老闆，我下週給你。」這句話我聽了三遍了，不過情況到這一步就變得有些嚴重，因為下週他還有兩個企劃要交，加上拖延的這一個，就是三個壓力很大的工作，他不可能完成。因此我做出一個決斷，讓其他員工接手他的一部分工作，同時要小宋深刻反省，拿出解決方案。

員工的拖延是個坑，一是坑了公司的專案進度，二是會坑了你自己。員工每天都有要做的工作，日積月累，源源不斷，拖延只會讓你更加難以應付，甚至情緒崩潰。當發現自己有拖延的現象時，別找藉口，要立刻調整心態和工作方式，馬上動手解決，才能改正這個壞習慣，保住自己在公司的位置。

在拖拖拉拉中，你的「包裹」會變成「包袱」

工作就像接力運送包裹，每個人都負責將自己手中的包裹運送到下一個人手中，循環往復，環環相扣。一旦有一個人的速度下降，他手中的包裹就從一個變成兩個、三個直至更多。這時輕輕的包裹就成了沉重的包袱，讓他不堪重負，還會嚴重影響接下來其他人的進度。

某公司有一位高級經理，經常在辦公室忙得焦頭爛額，感覺每天的工作如山一般，很不快樂。於是她找了心理醫生，希望得到一些心理輔導，以找到解決這個問題的方案。心理醫生說這件事我管不了，你不是心理的病，是思維的病，除了自己反省，別無他法。

經理鬱悶地回到公司，開始對自己的工作進行全面分析，發現了一個嚴重的問題，就是大事小事都拖延。她在處理每個單一專案時都缺乏環形的思維，經常是開工之後就扔到了一邊，不能善始善終，一直到要交結果時才突然發現，原來自己還沒完成這件事！而且，每天她來到辦公室，首先會去處理那些簡單容易的事情，把困難的任務留到後面，總覺得能拖過一時算一時，誰知道這些事始終是她自己的工作，到了非做不可的時候，她就會感到非常痛苦，手忙腳亂，工作完成不了，給不了老闆交代，自然不快樂。

就像我公司的小宋和這位經理一樣，許多人都有拖拖拉拉的壞習慣，事情總喜歡拖到「明天」再來做，甚至把「過兩天」當作口頭禪。原因無外乎下面幾點：

第一，對自己的能力過度自信。有人認為自己的能力強，總能很快地完成這項工作，至於這項工作會不會在完成的期限內發生什麼變故，他們是不去考慮的。所以往往一個小時、一天內能做完的事情，總要拖到幾天後再開始，效率極低。

第二，沒有完成工作的愉悅感。這類人在完成工作時感覺不到快樂，沒有成就感，因此常厭倦工作，從心底滋生出一種根本不想工作的情緒，自然就會拖延。這也是不具有環形思維的表現。因為在環形思維中，成就感是非常重要的驅動力。

第三，對完成工作後的獎勵沒有太多期望值。這一類人常常按部就班，認為這個工作早做晚做得到的回報都是一樣的，沒有必要早早做好。出現這種情況，公司和管理者就要反思考核、獎懲機制了。要建設一支有戰鬥力的高效團隊，管理者就必須重視「驅動力」這個詞，用實際措施培養員工的驅動力。

第四，容易晃神。人有自制能力的高低、強弱區別，自制能力強的人會強制要求自己做完一些預期和計畫內的事情，他們意志力強大；而自制能力低的人晃神是常態，計畫做好了就忘，三心二意，自然會更加拖延。

解決拖延，需要有時效性的計畫

無論是站在管理者還是心理學家的角度，拖延都不是一種無法治癒的心理和行為疾病，相反地，你可以透過以下幾點來解決這個問題。

第一，做一個階段性的短期計畫並堅決執行。將自己未來一週要完成的工作分為幾個階段，然後平分到每一天，每天一上班就完成這部分的工作，這樣既能做到心中有數，又能發揮監督自己的作用，有助於將精力全身心地投放到工作上。

第二，將最難的工作放在上午。因為身體生理的因素，我們在上午處理問題時，精力往往更加集中，這樣做完困難的工作再到下午處理其他較簡單的問題，一天的效率平均下來就會高出很多。

第三，調整生理精力。工作效率也取決於身體的能量儲備，人的生理精力是心理精力的基礎。日常可多攝取葡萄糖，彌補精力的不足，消除大腦的疲勞，有助於我們集中精力在規定的時間內完成工作。

工作要有明確時間節點

日常工作中如果有一堆瑣事和一件大事，你是先做完那堆瑣事再攻堅那件大事，還是做完那件大事再清掃那堆瑣事呢？這個問題不難解答，因為兩個選擇在不同的情境中都是對的，也有一定相對的道理。我們在對時間的管理中，要注重時效性，主動去掉不重要又浪費時間的事項，先全力做好重要的工作。但是公司的小A卻選擇了第三個答案：哪件事找上門，他就先做哪一件！於是，他不斷地放下這個去處理另一個，始終沒做好一件事，浪費了時間，任務也全都耽誤了。比如上週我要他中午傳送報表，下午四點還沒動靜，叫過來一問才知道，他每件事都只是做了一半，正在一團亂麻中忙得不可開交。

為了完成「任務發起—執行—回饋」的完整環形，上司要向下屬交代一個任務明確的時間節點，下屬也要主動問清楚：這件事什麼時間做完，有沒有特殊要求等。時間節點安排妥當，就要嚴格執行，在規定的時間內交付規定的結果，然後開始下一項任務。時間節點不明，就會對工作造成混亂：

清單上沒有緊急事項——不知道最重要的是哪一個；時間安排混亂——任務順序不清楚；缺乏危機意識——到了交出結果的時間卻意識不到。

做事有條理，才能提高工作效率

清楚任務的時間節點，是為了讓工作變得有條理。有條理地做事才能使工作變得有效率，就是應了一句話：磨刀不誤砍柴工。在井井有條的時間安排下，先做什麼後做什麼，所有的任務清清楚楚。那麼，如何讓我們的工作變得富有條理？

第一，要清楚工作的具體要求和期限。

清楚自己的工作是做什麼，什麼時間交付，才知道如何去做，並且從容正確地給自己的工作進行歸類和計畫。

第二，建立資料庫，為各項工作做好準備。

工作中把自己手上的資料和資源都整理起來，慢慢地累積，會形成豐富的資料庫，工作更加輕鬆。平時每天花上一點時間去搜集和工作相關的資料，在需要的時候便能直接派上用場，做起事來也會事半功倍。

第三，合理地安排工作時間。

根據自己的工作內容做出一個計畫，把每一個任務該什麼時候做，做的時間有多長，剩下的時間做什麼全都列出來，才能讓工作更有條理，不至於手忙腳亂，又累又低效。

這是工作時間

前段時間公司內部考核時，田祕書又成了反面案例，她有一個月被扣了一千元，自己也不知道原因，就跑過來「上訴」，要弄清楚為什麼。我翻了一下考核日曆，上面清清楚楚地寫著她在工作時間看電影、打遊戲。這還不該罰錢嗎？田祕書一聽有話要說，反問道：「我那天的工作都完成了，難道不能休息娛樂一下嗎？」聽起來理直氣壯，可是還有問題，我告訴他：「公司有明確規定，上班時間不能看電影，也不可以打遊戲，有了規定就要執行。而且你那天的事情並沒做完，正好有一個客戶來訪，你就因為看電影耽誤了，幸虧是同事幫你接待，否則錯誤可就大了。」

田祕書還是不服，舉報小李，說小李那天也看了電影，還是載著耳機大搖大擺看的，公司為什麼不扣他的錢？她沒想到的是，小李的職位是影片編輯，看相關影片是他的本職工作，對工作有幫助；她的職位是祕書，看電影就成了不務正業，對工作只能發揮負面作用。

工作時間內做好本職工作，才能提升效率

認清自己的本職工作，然後在上班時間內兢兢業業地做好，就能保證工作效率的下限。這是一道門檻，是考核的及格線，這麼做即便不能成為一個特別高效的人，也不會犯下過大的錯誤，耽誤那些特別重要的事情。在工作時間內把本職工作做好，是從根本上提升效率的基礎，如果這都做不到，便失去了被企業、被老闆尊重的前提。另一方面，工作時間內不要偷懶也是企業制度的要求，違反了制度必受處理，否則別人可能有樣學樣，整個團隊的效率都會大受影響。這是管理者不想看到的。

不要「時間倒置」，要順從規律

效率不高，還有一個原因是我們「時間倒置」的問題。所謂的時間倒置，指的是在工作的時間娛樂，在該娛樂的時間又忙工作。就像一個作息習慣不健康的人一樣，白天睡覺休息，晚上熬夜加班，生理時鐘混亂的同時，也讓工作的效率直線下降。我是不推薦通宵

加班的，哪怕任務再多，也要保證夜間休息，然後向白天要時間。所以一定要反省自身，安排好時間做該做的事，把我們的工作狀態調整到最佳。

去蕪存菁，善始善終

小宋是個很細心也很努力的員工，公司有一個專案內部競爭，許多人交了企劃書，小宋也交了一份，他的企劃書做得非常詳細，考察的市場、價格清單，還有費用、服務、宣傳各個方面都比別人全面，但我卻把專案交給了小郝去做。小宋想不通，非要討個說法，於是我告訴他：「你的企劃書是比小郝的多了十幾頁，銷售管道、同類競品，你都寫了二十個以上，但是沒結果，因為你沒告訴我哪一個更好，沒有建議，沒有精簡版分析。難道你是要我花三個小時把你做的所有工作都重新溫習一遍？小郝只給了兩個管道建議，只列舉了三個競品，我看了一下，你的報告中都提及了這些，證明沒有問題，所以我只需要做小郝的選擇題，不想做你的問答應用題！」

小宋的問題很清楚，他想展示自己的全能，卻忽視了上司對下屬的要求是——把某一方面做精，解決某一方面的問題就可以，而不是把用不上的東西全都羅列出來，給上司出難題。所以我經常說，太能幹也不是一件好事，這會讓人陷入事事通卻事事不精的境地。

這也是著名的伯納爾效應向我們闡述的一種工作經驗。英國人伯納爾是一個富有才華的人，他的一生本可以獲得很多諾貝爾獎，但是由於涉獵太廣，他總是喜歡在論文中提出一個思想或者一個題目，涉足一番，然後留給別人去解答，就像小宋一樣。當然，世界上聰明的人不只伯納爾一個人，他提出的問題或者思想，很快就被別人解答出來而獲得了諾貝爾獎，他自己一生中最高的榮譽也不過是英國皇家學會勳章和國外的院士之職。後來人們就把他失敗的這種研究經歷總結出了兩項原則：

第一，在涉獵的寬度以及廣度之間的協調，人們必須做出必要的選擇。

第二，成功的關鍵在於善始善終，將一件事情做到極致，而不是在許多事情之間搖擺不定。

什麼才是真正意義上的成功？成功所具有的意義，對於每一個因個體差異不同的人來說，有著不同的詮釋。有的人一生執著於一件事，並最終取得了為人矚目的成就，我們不得不承認這樣的人是成功的；有的人一生涉及很多學科的知識，或者涉獵了不同領域的研究與事業，雖然在某些領域當中他們失敗了，但是他們總能保持在一個領域中的領先地位，我們同樣承認這是一個成功的人。但對失敗者來說卻有一個共通點，那就是他們要嘛在自己專長的領域一事無成，要嘛就是雖有才華，卻因涉獵的東西太多而件件平庸，沒能在某一項具體的工作中做出較大的成就。

第十章
不為合作者增加麻煩，是職場的一種素養

不以規矩，不能成方圓

實現環形管理的最重要的一個前提，就是團隊要有嚴格的規矩，也就是制度。哪怕是一件看起來很不起眼的小事，也要講規矩、守制度，整個團隊才能運轉有序，員工才能把一件又一件的工作做好，企業也才能發展壯大。貫徹制度，就是老闆在管理中的基本任務。

比如有一次，因為夏天天氣炎熱，員工小華穿著拖鞋就來上班了，大家也沒在意，但我卻一眼發現，立刻叫他到辦公室。小華不以為意地解釋道：「老闆，今天的天氣太熱了，昨天又下雨，鞋子也濕了，我只能穿拖鞋。」他覺得我會表示理解，畢竟是一次特殊情況。

但我嚴肅地告訴他：「我不管你的鞋子濕不濕，或者是其他什麼原因，我只說三點。第一，公司有明確的制度規定，任何人都不能穿拖鞋上班。第二，你這麼做，大家都會跟著學，公司豈不是要變成菜市場了？第三，如果有客戶來簽合約，因為看到你著裝隨意而改變主意，由此造成的損失你來賠嗎？」

小華面紅耳赤地說：「老闆，我錯了，我沒想那麼多。」

有句話說：不以規矩，不能成方圓。這句話講的便是制度的重要性，一個專案能不能做好，取決於員工的能力，也取決於這名員工是否遵守公司的各項規定，按照既定原則完成工作。一家公司能不能發展起來，既是由老闆的能力決定的，也表現於團隊的戰鬥力。一支優秀團隊的戰鬥力從何而來？首要因素便是它的制度以及貫徹制度的程度。定下的規矩就要執行，這是環形思維在管理中的重要表現。

權力不是解決問題的唯一途徑

小輝升職以後，覺得工作中管起人來很不順心，跑來找我要權力。他說：「老闆，我需要任免權，手底下的人如果不好用，我可以開除他，如果好用，我就提拔他。我還想要獎勵權，每個月給我們組的獎金抽成，由我來分配給每個人，我可以決定獎勵金額。」

我簡單乾脆地說：「不可以！」

滿臉期待的小輝頓時不理解地問：「為什麼不能給我？沒權力的話，我這個專案組的主管還能做什麼，怎麼管好手下的人？要知道他們可不是省油的燈！」

我說：「你不喜歡、用不順手的人，可以請他吃飯、跟他談心，調整他的狀態，讓他喜歡你，積極主動地為你做事。你喜歡、想照顧的人，那就給他壓力，告訴他：真的想做好工作，就陪著你把整個團隊的成績做上去，做不上去就得一起受罰。」

這就是我對企業中層管理者的要求，想實現好的成績，就要在一定程度上委屈自己，而不是試圖依靠權力解決管理中的一切問題。權力很重要，不可或缺，但權力卻不是唯一管理員工的手段。

目光要全面立體

有一次小輝「吃了虧」，又跑來要個說法：「老闆，我對上個季度的考核結果不滿意。無論是簽單數、業務量、營業額、毛利率，我都比王經理高，但公司評出來的優秀經理卻是王經理而不是我，為什麼？我不服！」

我回答：「這是因為每當有一個客戶、一個專案來到公司的時候，你都把最好搞的、沒難度的挑走去自己執行，那些難搞的硬骨頭你從來不理，可王經理每次都會主動拾起這些硬骨頭去攻堅，而且他的成功率也很高！這個『成功率』的數字雖然不那麼光鮮漂亮，但對公司的幫助卻是巨大的。」

功勞和責任密不可分

小輝業績好，我們卻認為業績比他差的王經理很優秀。這恰恰表現了一種全面和立體的考核標準，就是說：結果很重要，但結果卻不是評價員工的唯一標準。數據有時也會騙人，分析數據時要結合具體的情況，做到特殊問題要特殊對待。除了結果，我們還要看一名員工是不是能勇擔責任，是不是能為公司的長遠利益著想。功勞和責任是密不可分的，也是評估和考核員工的兩條並行原則，好員工既要有功勞，也要有責任心。

提拔那些懂得分享的人

管理者的目光要全面，也要立體，評估員工的表現時應注意深入本質，從員工的品格、分享精神等層面去看。一個人懂得分享，才能創造更多的快樂；一個員工懂得分享，才能為公司提供更大的價值。但要注意的是，他們願意分享出來的必須是功勞，而不是苦勞。面對願意分享功勞的下屬，管理者一定要敢於提拔他們，因為他們配得上更好的職位，團隊也需要讓他們承擔更大的責任，他們也一定能做好更重要的工作。

看數據！數據！

公司的小宋覺得他上週談的那個專案沒什麼問題，但進展卻很不順利，是哪方面的原因他實在想不通，他問道：「我覺得可以了啊，為什麼不行？」我就問他：「你覺得？那你覺得我們樓下賣煎餅的那個小夥子能賺多少錢？」

小宋說：「我覺得應該跟我差不多吧……每個月兩三萬？」

我算了一筆帳給他聽：「煎餅一個二十塊錢，最高配置五十元塊錢，平均按照一個三十塊錢計算。每個小時他至少可以做三十個煎餅，早上在我們公司的樓下就有四個小時，那就是一百二十個煎餅，每個三十塊，共三千六百塊錢，一個月工作二十二天有七萬九千二百元，五十%的毛利，三萬九千六百元，將近四萬元。他不可能像你一樣一個月工作二十二天，每個小時也不只做三十個煎餅，而且每天也不會只工作早上的四個小時。所以他賺得比你多。」

小宋的眼睛突然變大了十倍，說：「我好歹是個辦公室白領，他一個賣煎餅的竟然比我還會賺錢！」我馬上批評他：「想問題就要想到重點，重點是什麼？是你自己覺得上週那個專案沒問題、你自己覺得你跟煎餅小夥子賺得差不多，只有『覺得』是不行的！要看數據！」

任何結論，都是有科學而真實的數據支撐的，不能信口開河，也不能自以為是。工作中的事情光你自己覺得不行，一定要拿得出證據，證明自己是對的，才能得出可靠的結論。無論是想問題還是看問題，都不能偏激和任性，都要實事求是，務實理性。

實事求是莫偏激

管理者需要實事求是，客觀地看清現實，做出最理性的決策，而不是被別人的看法左右，或者被工作的成功、失敗等極端情況影響自己的判斷。實事求是，就是要做到一是一，二是二，嚴格依據客觀事實做出決策，管理團隊。

有一次，下屬小新說：「老闆，現在所有的生意大趨勢都在往網路轉型，您之前做的提前佈局轉型網路，真是英明。我覺得我們該徹底切掉實體生意，完全進軍網路。現在可是連香皂毛巾、鍋碗瓢盆、菸酒糖茶、衛生用品等都在網路全面展開了啊！」

看到沒有，員工為了誇獎上司往往會扭曲事實，極盡誇張之能事。但我不會縱容這種行為，回覆道：「所有的生意都在轉向網路？你買個饅頭燒餅，吃個酸辣粉、麻辣燙、火鍋、燒烤也要網路嗎？那些外送上門的送餐服務，還有各種評分軟體查詢餐廳的好壞優劣，算網路還是算實體呢？餐廳算實體還是算網路呢？」

小新沒話說了，他開始摸自己的腦袋。這時我告訴他：「說話做事一定要實事求是，不要跟著輿論風向而影響了自己的思維模式！」管理者要控制住員工的思想，就得在這些小的方面抓住機會敲打，讓他們腳踏實地，別不切實際。

凡事沒有弄清楚，就不要盲目下結論

真理往往與許多假象混雜在一起，迷惑著我們的眼睛。判斷力的缺失以及心智的不成熟都會導致我們無法發現事物真正的本質，對自己並不了解的人和事作出一些錯誤的判斷，就像小新的表現一樣。

有時候，眼睛看到的也不一定是真的，如果不經過大腦去判斷和思考就妄下論斷，我們就沒辦法看到事物的真實一面。有個故事講的是兩個天使四處去旅行，有一天他們來到一個富有的家庭，這家人拒絕他們睡在舒適的客房，而讓他們住進冰冷的地下室。地下室溫度低，條件差，空氣也不好。較老的天使發現地下室的牆上有一個洞，於是就把它修補好了，年輕的天使十分不解，老天使只說：「有些事，不是你看到的那樣。」第二晚，二人來到一個農夫家裡，主人對他們很熱情，拿出僅有的食物招待他們，又讓他們睡在自己的床上，但是他自己去打地鋪。白天，兩個天使發現農夫的妻子在哭，因為他們家唯一的生活來源一頭乳牛死了。年輕的天使非常生氣，他認為富人什麼都有，老天使卻想著幫助富人，農夫如此貧窮、善良，老天使卻沒有阻止死神帶走他家的乳牛。

老天使依然淡定地說：「有些事不是你看到的那樣。我們住在地下室時，看到牆裡面堆滿了古人留下的金幣，主人不願與別人分享，他是一個貪欲極強的富人，於是我填上了那個牆洞，讓他無法發現。而昨晚，死神來召喚的是農夫的妻子，我就讓乳牛代替了她。他們只損失了一頭乳牛，卻保住了女主人的性命。」

這個故事要說的便是冷靜思考與理性判斷的重要性。對員工來說，工作中要想好再說話，別妄自揣測，扭曲事實；對管理者而言，更要看清楚真實的情況，不要被假象所矇騙，以致做出錯誤的判斷和決策。

有些重要的事要自己做

有一次我正在辦公室處理工作，田祕書過來不解地說：「老闆，把這些企劃外包也花不了太多錢，大不了就安排自己公司的員工來做，您還是別親自動手了吧，太辛苦。」

不過我對她說：「外包人員不了解這些業務的內情，他們做得再精彩，也很可能抓不住工作的核心。至於我們的員工，也有自己的具體分工，不是什麼事都能拿來鍛煉的。有的事再大，我可以下放權力，有的事很小，我就是要自己做！小事也可以很重要，這是原則。」

在一個高效的環形系統中，管理者承擔的角色並不僅是任務的發起人，也是重要的執行者。都有哪些事情是需要管理者自己做的呢？

第一，具有決策屬性的工作。比如對專案的構思、財務預算的制定、戰略規劃的擬定、管理結構調整、發展方向研究等。這是屬於管理者應該完成的工作，是員工不能代勞的，也是決不能輕易外包的，必須由老闆親力親為。

第二，具有商業機密或者對公司影響重大的工作。比如僅限少數人知道的商業資料、融資初期洽談、有保密要求的事項等。由於這些工作對執行者的要求較高，且決策與執行一體，管理者為了保證任務順利完成，減少失誤率，縮短時間，就必須盡可能由自己主導完成，而不是一味地委派給下屬。

越級是大忌

員工小郝突然闖進辦公室，看起來很著急。他來找我請假，急切地說：「老闆，我家裡有點事需要請一個月假，望您批准。我知道這個假請的時間有點久，所以直接找您申請。」我說：「這個假我不能批給你，因為你的上司是王經理。」小郝說：「我怕王經理不准我假，只要您准了，他就沒話說了。」

無論小郝將事情形容得如何緊急，我都沒有批准他的請假申請。這是因為無論發生何種情況，越級處理都是非常麻煩和留有後患的。不管是金字塔式管理還是扁平化管理，上下級間的業務、事項對接都必須層層傳導。每個人對自己的上一級和下一級負責，不能越級匯報，也不能越級干涉。

小郝要請假，總是有原因的，理由充分就可以，但他得交接工作，而我並不知道他的工作細節，只有他的上司王經理清楚，如果王經理認為能夠找到人代替他處理工作，請假就可以批准；如果不能，請假便可能不被批准。反過來，我要安排小郝參與一個專案，也得直接向王經理發佈命令，由王經理去酌情執行。因為王經理更清楚自己部門員工的能力、特點。管理中的大小事項均按級別對接清楚，一切便能順理成章，有序地運轉起來。這也是一種重要的環形。

第一，管理需要層層傳達。正如我對小郝解釋制度時所說的，管理的本質是「上下關係」，不是「越級關係」。不管上對下還是下對上，都必須遵守層層傳達的規定，越級在組織中是大忌，也是造成管理混亂的根源之一。

第二，每一層級都是一個環形。在每一個相鄰的層級之間均存在著一種環形關係，工作就像契約，上對下發佈命令，下對上回饋結果。請假也是一個環形，員工要向直接主管發出請求，再由直接主管給予回覆。越級會導致環形被打破。

創業須慎重

在本書的最後，我想從管理者的角度談談員工的創業心態。創業者其實最應該學習一下環形思維，深入理解環形的概念，將創業視為一個嚴謹的系統，用系統化的方法執行自己的思路，並追求最終的結果，而不是被創業的過程所主導。

方向不可靠，創業就會死

在起點有一天，員工小輝突然產生了離職創業的想法，他要我給他一個建議。我直截了當地告訴他，不要去！他瞪大眼睛問：「沒了？為什麼？」我對他講了兩個理由：

第一，你聽到反對意見時的第一反應這麼強烈，說明你沒有城府，思考也不夠深入，完全不能做到榮辱不驚，喜怒太過流於表面。這是創業的大忌。

第二，我們認識那麼多年了，一起喝酒、唱歌、旅遊、吃燒烤、團隊建設、度假等有那麼多身心放鬆的好機會，那時你不找我問這個問題，卻在公司業績比較吃緊的時候跑來請教自己要不要去創業，說明你很不會挑選時機，對形勢的理解能力差。以這樣的狀態去創業，失敗是註定的。

這些毛病在一個普通人身上看似不重要，幾乎每個人身上都有，在平時的工作中也沒感覺對我們造成多大的傷害，可一旦放到創業中，結果就會大大不同。當員工和當老闆所需要的格局、心態等是全然不一樣的。創業是一件尤其重視綜合素質的事情，一個極小的缺點也會讓你功敗垂成。因此，創業者只要一開始的方向不對、心態不好，不用等市場擊敗你，你已經殺死了自己。

每個人都是潛在的明星，但不是必然的明星

我否定員工出去單飛的想法，是因為我已深刻了解了創業九死一生。創業從來不是隨心所欲施展才能、實現夢想的手段，我們所看到的每一家成功的企業都必然經歷過下面幾個階段：

第一，創業之初。此時公司規模小、任務少、管理簡單，老闆喜歡用一些吃苦型的員工。老闆自己也是一個勤奮的吃苦者。吃不了苦的老闆在這個階段就會被淘汰。

第二，發展階段。這時對員工的知識和素質要求更高，重結果，重執行，管理者幾乎不能犯錯誤，否則便容易前功盡棄，一夜歸零。選人、用人能力差的老闆，便過不了這一關。

第三，市場階段。企業有了一定的規模和名氣，競爭更激烈，生存壓力更大，對員工綜合素質要求更高。不懂下放權力、授權與制度建設的老闆，也就活不過這個階段。

這三個階段是承先啟後、密不可分的，管理者在不同的階段對員工的要求雖然會隨著自身的發展而發生變化，但歸根究柢，企業就是要重用那些能夠為企業創造價值的員工。影響企業的除了員工，管理者自身也要有強大的環形思維。

擺正位置，實現環形

員工首先要擺正自己的位置，了解自己所處的環境、所擔當的職位，做好自己應該做的事。當不好一名好員工，也肯定做不好一位好老闆。其次，不管我們在什麼崗位，熱愛職業和熱情、專業地對客戶提供優質服務都是最基本的要求，先把一件件的小事做好，讓小成果變成大成果，再去想創業的問題。最後，就是要時刻保持上進心，與企業共同發展，改變和提升自己，以更適合企業、市場的需要。

管理者要讓員工明白，工作中的競爭是一場殘酷的淘汰賽，對那些剛進公司的年輕人來講尤其如此，如何讓自己在職場中增值，在競爭中變得更具優勢，是比出去創業更重要的事情。要擺正位置，實現工作中的環形，才有資本挑戰更高的難度。讓讀者懂得務實，學習務實，扎扎實實地做好工作，建設自己的事業，這也是本書的一種期望。

年輕人如果想立於不敗之地，應努力成為以下三種人：

做同行中的佼佼者。不管你的天資如何、從事什麼類型的工作，一定要在自己的崗位上做得比其他人更加出色。簡而言之，要成為一名優秀的專才。

做稀有型人才。這對能力有更高的要求，稀有人才有很多的優勢，第一是競爭少，很容易成功。第二是稀有人才不缺能發揮自己才能的平台，始終都有人用，不用擔心失業。做到了這一點，才有底氣談更高的目標。

做認真肯幹型人才。假如一個人沒有高人一等的智商，也沒有無與倫比的能力，註定無法成為馬雲，那就要調整好心態，跟大多數人一樣做好當下的工作，拚實做，拚勤奮。普通的工作做到極致，也會成為企業需要的人才。

高寶書版集團
gobooks.com.tw

RI 362
環形思維：無縫溝通 X 精密合作，實踐企劃、執行到回饋不斷線的工作循環，成為公司爭相挖角的主流人才

作　　者　智俊啟
責任編輯　陳柔含
封面設計　林政嘉
內頁排版　賴姵均
企　　劃　鍾惠鈞

發 行 人　朱凱蕾
出　　版　英屬維京群島商高寶國際有限公司台灣分公司
　　　　　Global Group Holdings, Ltd.
地　　址　台北市內湖區洲子街 88 號 3 樓
網　　址　gobooks.com.tw
電　　話　（02）27992788
電　　郵　readers@gobooks.com.tw（讀者服務部）
傳　　真　出版部（02）27990909　行銷部（02）27993088
郵政劃撥　19394552
戶　　名　英屬維京群島商高寶國際有限公司台灣分公司
發　　行　英屬維京群島商高寶國際有限公司台灣分公司
初版日期　2022 年 06 月

原書名：閉環思維
本書由北京時代華語國際傳媒股份有限公司授權繁體字版之出版發行

國家圖書館出版品預行編目（CIP）資料

環形思維：無縫溝通 X 精密合作，實踐企劃、執行到回饋不斷線的工作循環，成為公司爭相挖角的主流人才 / 智俊啟著 . -- 初版 . -- 臺北市：英屬維京群島商高寶國際有限公司臺灣分公司 , 2022.06
　面；　公分 .--（致富館；RI 362）

ISBN 978-986-506-423-5（平裝）

1.CST: 工作效率　2.CST: 職場成功法

494.35　　111006841